BIM Guide for Shanghai Municipal Hospital
（Version 2017）

上海市级医院建筑信息模型
应用指南
（2017 版）

上海申康医院发展中心
Shanghai Hospital Development Center

U0348498

同济大学 出版社
TONGJI UNIVERSITY PRESS

编写说明

一、编制背景

互联网和信息技术正在重塑建筑业的未来。近年来，建筑信息模型（Building Information Modeling，BIM）技术在国内外建筑行业得到了广泛关注和应用，推广应用 BIM 技术已列入我国建筑业创新发展的重要战略，也是建设领域推进上海市建设具有全球影响力的科技创新中心的重点工作之一。

为此，上海市围绕 BIM 技术应用，出台了一系列政策文件、标准和指南，也开展了试点项目应用，取得了极好的经济、社会和项目效益。其中，医院是 BIM 技术试点应用最早的领域之一。2016 年公布的上海市 BIM 应用试点项目中，上海市级医院（以下简称"市级医院"）共有 5 个项目入选，分别是上海市胸科医院门急诊医技楼大修项目、上海市胸科医院科教综合楼项目、上海交通大学医学院附属瑞金医院肿瘤（质子）中心项目、上海市第一人民医院改扩建工程和上海市第六人民医院科研综合楼项目。

在完成"BIM 技术应用三年行动计划（2015–2017）"后，自 2017 年，上海市 BIM 技术应用进入了一个新的阶段，应用的广度和深度进一步提高，不同行业领域 BIM 技术应用的差异性需求越来越大。与其他建筑类型相比，医院建筑具有自身的特殊性，其全生命周期管理更具复杂性。因此 BIM 技术的应用需求、理念、模式、方法和手段等都具有不同于其他类型公共建筑的自身特点。为了更好地指引市级医院开展 BIM 技术应用，充分发挥 BIM 的价值，上海申康医院发展中心组织成立编写小组，启动了市级医院 BIM 应用指南的编写。编写小组认真总结和提炼了试点项目的经验和教训，对国内外医疗卫生领域的 BIM 应用进行了系统分析、总结和借鉴，并对现有 BIM 政策、标准和指南进行了深入研究，经过多次研讨与修改，完成了《上海市级医院建筑信息模型应用指南》（以下简称"指南"）的编制。同时，本指南是市级医院建筑 BIM 技术应用管理文件体系的一部分，随着指南的不断完善，将配套出台医院建筑 BIM 技术应用标准，为上海市医疗卫生领域 BIM 技术应用提供支撑，也为全国该领域的 BIM 技术应用提供探索与借鉴。

二、编制目的

本"指南"是上海市级医院 BIM 技术应用的重要依据，将有助于指导和规范本市市级医院 BIM 技术的应用管理，以充分发挥 BIM 技术在项目前期策划、设计、施工和运维阶段等全生命周期中的应用价值。

本"指南"主要应用以下两类项目：

（1）对新建、改扩建项目 BIM 实施要点进行指导，具体包括：策划及方案设计阶段的模型构建、场地分析、一级医疗工艺流程仿真及优化等 6 个应用点；初步设计阶段的模型深化构建、二级医疗工艺流程仿真及优化、建筑设备选型等 6 个应用点；施工图设计阶段的专业模型构建、管线碰撞检测及综合、竖向净空分析和辅助施工图设计等 5 个应用点；施工阶段的 4D 施工模拟、工程量统计、竣工模型构建等其他 6 个应用点。

（2）对大修、改造项目 BIM 实施要点进行指导，具体包括：设计阶段的模型构建、建筑性能分析、装饰效果分析等 4 个应用点；施工阶段的进度模拟、施工模拟、变更管理等 4 个应用点。

新建、改建项目和大修改造项目运维阶段，BIM 应用具有基本一致性，包括模型运维转换、空间管理、资产管理等其余 8 个应用点。另外，协同管理平台包括功能和应用 2 个方面。

三、编制原则

依据国家、上海市相应政策、标准和指南，结合市级医院管理模式的特点，编制本指南。主要编制原则：

（1）与国家和地方标准相衔接。满足国家和上海市的已有 BIM 相关标准和指南，并对现有 BIM 标准和指南进行深化和细化。

（2）紧密结合上海市医疗行业特点。充分考虑上海市级医院的管理模式、管理现状以及未来的发展趋势，既能满足当前实际需求，也能引导 BIM 应用趋势。

（3）兼顾通用性和可操作性。由于各市级医院实际情况不同，管理方式和管理现状具有一定差异，本指南既考虑到市级医院 BIM 应用的通用需求，也考虑到各医院的差异性需求，使指南具有可操作性。

（4）面向全生命周期应用，强调运维导向。本指南旨在引导市级医院充分发挥 BIM 在医院建筑全生命周期中的应用价值，强调建筑、设备和设施的长周期运维管理增值。

四、参与单位及主要编写人员

主编单位：上海申康医院发展中心

参编单位：上海市胸科医院

同济大学

上海科瑞真诚建设项目管理有限公司

华东建筑集团股份有限公司

主　　编：魏建军　余　雷　李永奎

编　　委：（按姓氏拼音顺序排列）

程王众为　董　杰　何清华　蒋凤昌　蒋琴华

蒋中行　　乐　云　李嘉军　李永奎　刘　翀

鲁　冰　　潘蓓敏　钱丽丽　孙烨柯　王　萍

魏建军　　徐　诚　徐旻洋　余　雷　张之薇

邹　为

评　　审：张建忠　朱永松　周　晓　王　岚　赵海鹏

CONTENTS · 目 录

第1章 总 论

● 1.1 概述

BIM，即建筑信息模型（Building Information Modeling），被视为一种突破性创新技术，国内外对其有多种定义，主要含义为："以三维可视化为特征的建筑信息模型的信息集成和管理技术"。因此，BIM 既是一个建筑设施的计算机数字化、空间化、可视化模型，也是一个模型的应用过程，目的是提高建设项目的策划、设计、施工和运维管理水平。

随着 BIM 应用的日益广泛，其应用领域和应用范围也逐渐扩大。在医疗卫生领域，基于 BIM 的 HIM（Healthcare Information Modeling）已经被提出，其模型信息的范围不仅包括建筑信息，还包括医疗设备以及医疗工艺信息等，模型覆盖范围不仅包括新建、改扩建和大修项目，还包括暂时不予改扩建或大修的既有建筑。

• 1.2 应用价值

医院是一类特殊的复杂公共建筑，相对于一般建筑，其功能、工艺、系统和管线都更加复杂，需求变化更加频繁，后期运营阶段维护要求也更高。基于BIM及相关技术，可在以下领域发挥重要作用：

（1）更有利于前期方案策划、工艺流程优化和设计质量的提高，为业主方决策提供更充分的依据和更有效的手段。例如，通过BIM的可视化表达和模拟分析，可大幅度提高前期策划及设计过程中的医技人员、管理人员和决策人员的参与程度；通过可视化和定量分析，可提升方案设计水平，尤其是医疗工艺流程的合理性；通过三维管线综合和碰撞分析，可进一步减少"错漏碰缺"等常见设计问题，提高设计质量。

（2）更有利于施工方案的优化，深化设计方案的比选，能更好地开展实施阶段的进度、质量、造价和安全管理。例如，针对医院院区场地狭小施工区域，通过基于BIM的模拟分析，可进一步优化施工组织方案；通过4D（BIM+进度）及5D（BIM+进度+造价）等方法，可更好地论证进度及造价控制的合理性，提升目标控制的精细化水平。

（3）更有利于后期运维管理的提升，对后期大修改造、智能化运维、智慧医院和绿色医院建设提供了新的技术和数据支撑。例如，准确的运维型可为后期空间改造提供信息支持，与智能化运维结合，可进一步提升后勤管理的可视化、数字化和智能化水平。

此外，随着医疗需求不断变化，医院在逐渐扩大规模、完善功能的过程中，需要对一些医院原有的建筑、设备和设施进行改造和扩建。进入"十三五"以来，医院实施改扩建、大修项目比例逐渐增高，已成为医院建设的重要需求。大修改造项目较之新建和扩建项目，不确定性因素多，具有投资小、分散、复杂、进度急及边施工边调整方案等特点，设计及施工管理方面存在较大难度和风险。采用 BIM 技术，可在大修改造项目的设计阶段、施工阶段和运维阶段中实现精细化设计与施工，并为既有建筑全生命期周期管理提供模型和数据基础。

• 1.3　全生命周期应用点

医院建筑全生命周期分为六个阶段：策划及方案设计阶段、初步设计阶段、施工图设计阶段、施工准备阶段、施工实施阶段和运维阶段。结合医院自身项目的特点，医院建筑 BIM 全生命周期应用点如表 1-1 所示。

表 1-1　BIM 在医院建筑全生命周期应用点

阶段	应用点	对应章节
01. 策划及方案设计	0101 建筑、结构专业模型构建	3.1.1/4.1.1
	0102 场地分析	3.1.2
	0103 建筑性能分析	3.1.3/4.1.2
	0104 虚拟仿真漫游	3.1.4
	0105 设计方案比选	3.1.5/4.1.4/4.2.3
	0106 医疗工艺流程仿真及优化（一级）	3.1.6
	0107 特殊设施模拟	3.1.3/4.1.3
	0108 特殊场所模拟	3.1.3/4.1.3
02. 初步设计	0201 建筑与结构专业模型深化构建	3.2.1
	0202 建筑结构平面、立面、剖面检查	3.2.2
	0203 医疗工艺流程仿真及优化（二级）	3.2.3
	0204 面积明细表统计分析	3.2.4
	0205 建筑设备选型分析	3.2.5
	0206 机电专业模型构建	3.2.6

续表

阶段	应用点	对应章节
03. 施工图设计	0301 各专业模型构建	3.3.1/4.1.4
	0302 碰撞检测及三维管线综合	3.3.2
	0303 竖向净空分析	3.3.3
	0304 虚拟仿真漫游	3.1.4/4.1.4
	0305 医疗工艺流程仿真及优化（三级）	3.3.4
	0306 辅助施工图设计（2D 制图）	3.3.5
04. 施工准备	0401 施工深化设计	3.4.1
	0402 施工场地规划	3.4.2
	0403 施工方案模拟与比选	3.4.3/4.2.2
	0404 BIM 工程量计算	3.4.4
	0405 构件预制加工	3.4.5
05. 施工	0501 4D 施工模拟及进度控制	3.5.1/4.2.1/4.2.2
	0502 工程计量统计	3.5.2
	0503 设备与材料管理	3.5.3
	0504 造价管理	3.4.4/3.5.2/4.2.4
	0505 质量控制	3.5.4
	0506 安全管理	3.5.5
	0507 竣工模型构建	3.5.6/4.2.4
06. 运维	0601 模型运维转换	6.1
	0602 空间管理	6.2
	0603 设备监控	6.3
	0604 能耗监控	6.4
	0605 维护管理	6.5
	0606 BA 智能集成	6.6
	0607 人员培训	6.7
	0608 资产管理	6.8
00. 全过程	0001 基于 BIM 的项目协同平台开发、引进及应用	5.1/5.2

1.4 应用展望

在医疗卫生领域，BIM 技术应用呈现以下发展趋势，包括：① 融合医疗工艺，形成 HIM 体系。HIM 不仅是 BIM 在医疗卫生领域中的扩展和延伸，也是基于云的 BIM 集成管理体系，是实现数字医院、智慧医院和绿色医院的重要信息基础和管理体系支撑。②对接后勤运维，形成可视化智慧运维平台。基于全生命周期数据和模型，与设备设施的动态实时数据相融合，通过大数据、人工智能等最新技术应用，可进一步形成新一代医院后勤智慧运维平台，为智慧诊断、运行管理和决策等提供服务。③集成 VR（虚拟现实）、AR（增强现实）、RFID（无线射频识别）等信息技术及设备，形成信息物理系统（CPS，Cyber Physical System），为医院管理与医疗服务提供基础支撑。④ 结合政府及行业管理，形成行业基准及持续改进机制。BIM 和政府及行业管理深度融合，通过变革政府监管、审批及行业管理模式，进一步提升管理效能和行业管理水平，形成可持续的改进机制。

因此，为了进一步推进上海市级医院的 BIM 应用，后续将根据需要制定 BIM 应用成熟度评测标准、应用后评估标准和评估办法，遴选最佳实践，确定行业基准，并进行动态跟踪，持续更新与改进本指南，为上海市级医院乃至上海市、全国医疗卫生领域的 BIM 应用，提供更具操作性的指南参考。

第 2 章　应用组织

• 2.1　组织模式与组织架构

　　考虑目前市级医院建设管理模式特点，根据 BIM 实施主体和应用阶段的不同，BIM 应用的组织模式分为：设计单位驱动、施工单位驱动和建设单位驱动的组织模式。

1. 设计单位驱动的组织模式

　　该模式是为了解决复杂异形建筑的设计、可视化方案沟通、复杂管线综合、建筑性能模拟以及数字化协同设计等问题，以设计单位为主在设计阶段的 BIM 应用组织模式。该模式在 BIM 信息创建中发挥了重要作用，也是目前最广泛的 BIM 应用组织模式之一。但是，由于设计单位设计服务工作范围、时间范围和专业经验的限制，该模式往往聚焦于设计阶段的设计服务，对于施工阶段的协调、配合和支撑较少，客观上也无法协调施工阶段各参建单位的 BIM 应用，对于运维阶段则支撑更少。

2. 施工单位驱动的组织模式

随着项目复杂性日益提高，市场竞争日益激烈，施工单位也迫切需要更为先进的施工管理方法和工具，以提高自身的施工管理能力和市场竞争能力。另一方面，随着 BIM 应用政策的不断推动，施工单位也意识到 BIM 及相应技术应用的大趋势。因此，以施工单位为主，开展 BIM 应用也逐渐成为一种重要的组织模式。虽然施工单位应用 BIM 客观上也能提高工程进度、质量和安全管理水平，从而为建设单位创造价值，但是，作为承包商，施工单位应用 BIM 更多的是为了辅助施工方项目管理，而非业主方（包含建设单位及代表建设单位利益的代建单位以及其他咨询单位等）项目管理。此外，该种模式由于缺乏设计阶段的 BIM 应用或管理，使得施工阶段 BIM 应用的成本更高；继而，受限于施工单位服务阶段的应用，对运维阶段的管理也极其不利，建设单位需要投入额外的成本进行竣工模型交付检查、运维模型校对和运维转化。

3. 建设单位驱动的组织模式

随着 BIM 应用范围的扩大和应用深度的增加，全过程、全方位 BIM 应用逐渐成为医院建设项目的实际需求。一方面，BIM 最终为了解决项目全生命周期中存在的信息管理问题，是为项目全过程提供增值服务；另一方面，业主方是项目的总组织者、总协调者和总集成者，也只有业主才能洞悉 BIM 的应用需求，整合各方资源和协调 BIM 应用，使 BIM 应用融合于前期决策管理、实施期项目管理和运营期设施管理。因此，建设单位驱动的组织模式，能较好地满足医院建设项目管理的现实需求。但是，由于建设单位的专业性和 BIM 应用经验往往不足，通常需要聘请专业的 BIM 咨询单位提供全过程、全方位的 BIM 应用支撑，建设单位与 BIM 咨询单位等共同构成业主方 BIM 应用团队，共同开展全生命周期 BIM 应用的策划、实施、组织和协调。

　　表 2-1 对以上模式进行了对比，以供参考。若进行全过程 BIM 应用，采用建设单位驱动的 BIM 应用模式则具有更好的效果。该模式下，在设计和施工阶段，需要充分发挥相应单位的技术优势和经验优势，共同组建项目 BIM 应用组织，协同推进 BIM 应用。该模式的组织架构如图 2-1 所示。

表 2-1　BIM 应用不同的组织模式对比分析

应用模式	应用范围	应用重点	效果	应用程度
设计单位驱动	设计阶段	设计方案的论证、模拟、展示、优化和设计协同	好	最广
施工单位驱动	施工阶段	施工方案的论证、模拟、展示、优化，以及基于 BIM 的施工管理	一般	逐渐增多
建设单位驱动	全生命周期	决策支持、方案的模拟与优化、基于 BIM 的建设管理与运维管理等	最好	逐渐增多

• 2.2　核心工作组织

　　在 BIM 应用过程中，由建设单位主持成立项目 BIM 应用核心工作组织，可根据项目情况分为领导小组和工作小组，负责协调全生命周期中各参与方的 BIM 应用。由建设单位指派专人作为组长。其他参建各方（代建单位、BIM 咨询单位、设计、总包、分包及监理等）各指派 1 人作为组员，负责处理本方与 BIM 实施相关的事务。领导小组的工作内容包括但不限于：

　　（1）BIM 应用方案的策划。

　　（2）制订项目 BIM 应用制度和标准。

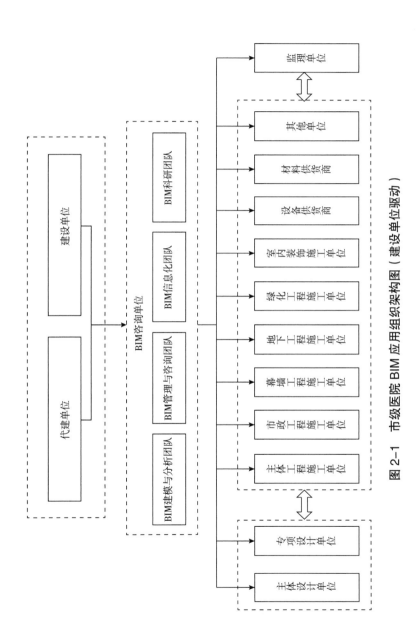

图 2-1 市级医院 BIM 应用组织架构图（建设单位驱动）

（3）关键阶段和关键节点的 BIM 应用推动。

（4）协调、督促、检查和考核各方的 BIM 应用。

（5）关键 BIM 应用成果的检查和验收。

（6）推动 BIM 的创新实践。

BIM 领导小组以不定期的方式召开小组会议，讨论各阶段应用过程中出现的问题，需要进行协调的内容，以及后续 BIM 应用工作的开展计划。为了提高参建各方在项目管理工作中的配合度和参与度，提升 BIM 应用信息采集及成果应用的准确性和及时性，增强参建各方应用的协调能力，可在 BIM 领导小组下设工作小组，负责参建各方在项目 BIM 应用过程中的具体事务。工作小组成员可动态调整，但需要保证主要参与单位至少1名成员，并设 BIM 联络员，承担具体工作的对接。

• 2.3 各方职责分工

采用不同的应用模式，各方的职责有所不同。同时，职责分工也受合同约定影响。以下以建设单位驱动、全过程应用模式为主导模式，介绍各方的职责分工建议，其他模式可参考执行。

1. 建设单位

组织建立 BIM 领导小组，统筹安排项目全过程 BIM 应用工作，组织 BIM 咨询单位、设计单位、施工单位、施工监理、财务监理及各参与单位共同推进 BIM 应用；提出 BIM 应用需求、进行成果确认及关键问题决策。

2. BIM 咨询单位

作为 BIM 应用的具体实施总负责单位，按照建设单位要求，策划和编制项目 BIM 应用方案、应用制度和应用标准，具体组织和协调各方 BIM 应用，编制各主要参建单位的 BIM 应用招标文件和合同条款，选择 BIM 协同平台并落实应用，检查各方 BIM 成果，提供基于 BIM 的项目管理服务，开展科研和创新研究，组织 BIM 培训，提供满足运维需求的 BIM 模型服务以及合同约定的其他服务。

3. 设计单位

主要负责设计阶段的 BIM 应用以及施工阶段的配合服务。设计单位应成立项目 BIM 小组，参加 BIM 例会及配合建设单位各项 BIM 工作。根据合同约定，可能需要负责 BIM 的建模和修改，或者提供 BIM 应用支撑服务，例如图纸电子版提供、对 BIM 移交的模型进行双向确认、开展设计方案比选和方案优化等。

4. 施工总承包

主要负责施工阶段施工方的 BIM 应用。施工总承包单位应成立项目 BIM 小组，参加 BIM 例会及配合建设单位各项 BIM 应用工作。根据合同约定，可能需要负责基于 BIM 的施工应用以及协调各专项分包单位的 BIM 应用，例如施工组织和施工方案模拟、4D 应用、质量和安全控制、模型更新和深化、深化设计应用及竣工模型构建等。

5. 施工监理

主要负责施工阶段围绕监理工作的 BIM 应用，例如参加 BIM 例会及配合建设单位或 BIM 咨询单位的各项 BIM 工作，在现场管理、质量和安全管理、变更管理和工程量及签证管理等方面协助推进 BIM 应用。

6. 财务监理

主要负责造价控制方面的 BIM 应用，例如参加 BIM 例会及配合建设单位或 BIM 咨询单位的各项 BIM 工作，根据 BIM 咨询单位要求提供工程量统计，提高算量精度，了解变更实际增加工程量，提高签证及决策效率，控制投资，配合 BIM 咨询单位进行 BIM 5D 造价研究及应用。

7. 各分包单位

负责各自合同范围内的 BIM 应用，例如 BIM 模型的深化、调整和专项应用，指派专业 BIM 工程师或管理人员，负责 BIM 工作的沟通及协调，定期参加 BIM 工作会议，按照总承包要求的时间节点提交 BIM 模型，向总包提供必要的协助和支持。

• 2.4　各方能力要求

采用不同的 BIM 应用模式，各方的能力要求有所不同。同时，能力要求也受合同约定任务的影响。以下以建设单位驱动、全过程应用模式为例，介绍各方的能力要求建议，其他模式可参考执行。

1. 建设单位

作为项目的总组织、总集成和总协调者，全过程 BIM 应用给建设单位和代建单位也提出了新的能力要求，包括：BIM 应用策划、组织和控制能力；BIM 咨询单位、设计及施工单位等关键参与单位的选择能力；医院内部医技人员、管理和决策人员参与的组织和协调能力；BIM 应用需求提出、成果检查和验收能力；BIM 创新应用的策划和组织实施能力；等等。

2. BIM 咨询单位

若采用全过程、全方位的 BIM 应用咨询，BIM 咨询单位应具备以下能力：BIM 建模、分析与应用策划和协调管理能力；工程咨询能力，包括专业技术能力、目标控制能力、组织协调能力，以及对医院领域的专业化服务能力等；基于 BIM 的信息化开发和应用能力，针对应用过程中一些软件问题和数据处理问题，能进行二次开发或者具有自主软件支撑；科研能力，为项目的创新应用提供课题研究和研发支持。

3. 设计单位

设计单位的 BIM 服务内容决定了其 BIM 能力要求。一般而言，设计单位应具备以下能力：BIM 建模和更新能力；基于 BIM 的性能分析及设计优化能力；具有相应的医院领域设计服务经验；有专业的BIM 工作团队；等等。

4. 施工总承包单位

施工总承包单位的 BIM 合同条款决定了对其能力的要求。一般而言，施工总承包单位应具备以下能力：BIM 建模和深化能力，包括建筑、结构和机电等所有相关专业；基于 BIM 的施工应用能力，例如施工模拟、4D 应用、工程量和造价计算等；必要的软硬件设备；相应 BIM 应用经验和专业的 BIM 工作团队。

5. 各分包单位

分包单位的 BIM 合同条款决定了对其能力的要求。一般而言，分包单位应具备以下能力：BIM 的建模和深化能力；基于 BIM 的专项深化应用能力，例如玻璃幕墙安装、精装修、智能化系统和医疗专项系统设计及安装等；必要的软硬件设备；相应 BIM 应用经验和专业的 BIM 工作团队。

6. 施工监理和财务监理

根据当前实际情况，施工监理和财务监理需要具有基本的 BIM 应用能力，包括具有基于 BIM 的质量管理、安全管理和造价管理能力等。

• 2.5 应用流程

BIM 总体应用流程主要关注流程和模型两个方面。在流程方面，强调策划及方案设计、初步设计、施工图设计、施工准备、施工及运维等各个阶段的 BIM 应用，以及关键检查点；在模型方面，不同阶段提供的模型类型会有所区别。医院建筑在全生命周期中 BIM 应用的总流程如图 2-2 所示。

BIM 技术的总体应用流程可进一步细化为设计阶段、招标阶段、施工阶段和竣工及交付阶段等阶段的工作流程。根据不同的应用模式和管理方式，建设单位可组织 BIM 咨询单位等编制各阶段的工作流程，以指导项目 BIM 应用工作。编制各阶段 BIM 工作流程应考虑满足以下要求：

（1）流程应明确主要应用单位的流程责任，尤其是建设单位、代建单位、BIM 咨询单位、设计单位、施工总包和监理单位等。

（2）流程应明确相应的工作成果，或者阶段性成果交付，包括模型、图纸、文件、视频、图片以及软件或硬件等。

（3）流程设计的重点是针对跨单位、跨部门的工作任务关系刻画，尤其是需要多方协同的工作任务。

（4）流程图上应明确各流程的时间要求、责任单位、责任人等，可采用相应信息系统支持流程的应用。

• 2.6 成果交付及验收

根据不同类型的医院建筑和具体需求，进行 BIM 应用策划，选择适当的 BIM 应用点。在项目的不同阶段，BIM 应用单位应及时提交 BIM 应用成果，主要包括模型、视频、应用分析报告等形式的文件，

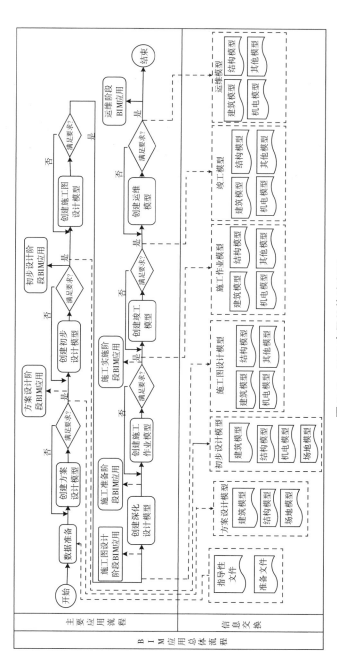

图 2-2　BIM 应用总体流程图

能够为医院建设项目管理提供支撑；在工程竣工验收阶段，BIM 咨询单位应对项目全过程的 BIM 应用成果进行总结分析，提交成果汇总与分析报告，由建设单位组织 BIM 咨询单位依据本指南、相应标准和合同约定进行成果验收；运维阶段的成果交付，主要包括运维模型的更新、运维平台的开发文件、软件平台以及使用手册等成果，由 BIM 咨询单位依据服务合同约定的时间节点进行交付，并负责对医院后勤管理相关人员进行培训，建设单位依据合同约定组织成果验收。

第 3 章　新建、改扩建项目 BIM 应用要点

● 3.1　策划及方案设计阶段

策划及方案设计主要是从医院建筑项目的需求出发，根据建筑项目所在院区的设计条件，研究分析满足建筑功能、性能和布局的总体方案，利用 BIM 技术对项目的设计方案进行数字化仿真模拟并对其可行性进行验证，从而对医院建筑的总体方案进行初步评价、优化和确定。

3.1.1　建筑与结构专业模型构建

建筑与结构专业模型的构建，主要是利用 BIM 软件建立初步三维几何实体模型。

1. 应用目的

建筑与结构专业模型的构建，为场地分析、建筑性能模拟分析、虚拟仿真漫游、设计方案比选、医疗工艺流程仿真及优化、特殊设施模拟和特殊场所模拟等工作奠定基础，旨在达到完善建筑、结构设计方案的目标，为施工图设计提供设计模型和依据，并为后续的 BIM 应用提供模型基础。

017

2. 应用流程

在现有条件下，规划及方案设计阶段的建筑、结构专业模型通常是基于设计院前期工作提供的建筑结构二维设计图进行构建的，在构建过程中需要从专业模型中提取平面、立面、剖面图进行审查并添加关联标注。建筑与结构专业模型构建流程如图3-1所示。

3. 注意要点

在规划及方案设计阶段，由于设计方案的不确定性，所安排的相关应用点对建模的深度要求也不高，故该阶段的建模主要包括基本的建筑结构以及简单构造的门窗，保证在楼层标高、墙面厚度、门窗位置以及外观效果与设计方案一致。

3.1.2 场地分析

场地分析是利用场地分析软件或设备，建立场地模型，在场地规划设计和建筑设计的过程中，提供可视化的模拟分析成果或数据，作为评估设计方案的依据。在进行场地分析时，宜详细分析建筑场地的主要影响因素。场地的分析主要包括地形分析与周边环境分析两个方面，分析过程中除需考虑施工场地内的自然条件、建设条件以及公共元素外，还需要考虑周边环境对场地内的影响，并在此基础上考虑如何利用以及改造环境，从而合理地处理建筑与场地的关系。

1. 应用目的

采用BIM技术进行场地分析，真实展示项目场地与周边建筑的关系，反映建筑物与自然环境的相互影响。要以合理的土地利用、和谐的院区空间、清晰的交通流线和绿色的康复环境为最终目标和原则，重点解决建筑布局、地上与地下空间利用方式、环境质量（日照、风速等）及无障碍设计等方面的问题。此外，医院的总体布局还要考虑医院的文化、历史传承，做到既保持医院的文化、历史、建筑特色，

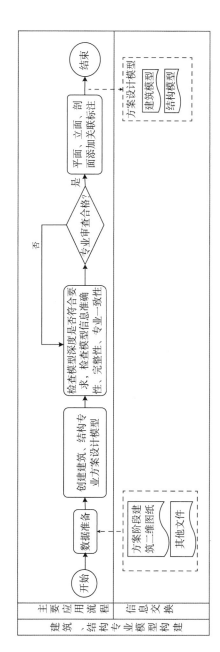

图 3-1　建筑与结构专业模型构建流程

又提升医院的医疗流程合理性。

2. 应用流程

场地分析包括相应场地的自然条件、建设条件、公共元素限制（医院）和内部及周边交通等。该应用主要基于地质勘察报告、规划文件、地块信息、交通数据和周边市政管网数据等。场地分析流程如图 3-2 所示。

3. 注意要点

在布局上要满足功能分区明确，流线清晰通畅，就医环境优良的特点。

按照《综合医院建设标准》规定，医院总平面设计应符合下列要求：

（1）功能分区合理，洁污路线清晰，避免或减少交叉感染。

（2）建筑布局紧凑，交通便捷，管理方便。

（3）应保证住院部、手术部、功能检查室、内窥镜室、献血室及教学科研用房等处的环境安静。

（4）病房楼应获得最佳朝向。

（5）应留有发展或改、扩建余地。

（6）应有完整的绿化规划。

（7）对废弃物的处理，应做出妥善的安排，并应符合有关环境保护法令、法规的规定。

（8）医院出入口不应少于两处，人员出入口不应兼作尸体和废弃物出口。

（9）在门诊部、急诊部入口附近应设车辆停放场地。

（10）太平间、病理解剖室、焚毁炉应设于医院隐蔽处，并应与主体建筑有适当隔离。尸体运送路线应避免与出入院路线交叉。

（11）病房的前后间距应满足日照要求且不宜小于 12m。

（12）职工住宅不得建在医院基地内，如用地毗连时必须分隔，

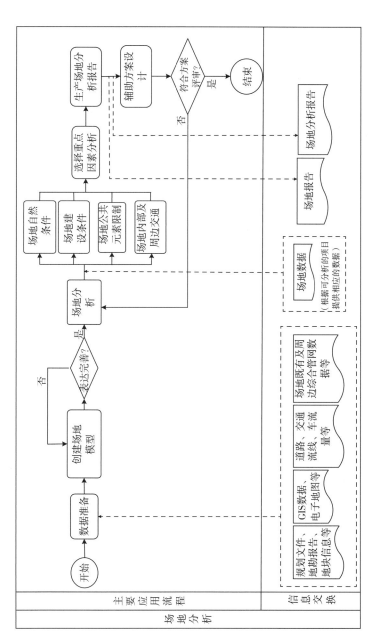

图 3-2　场地分析 BIM 应用流程

另设出入口。

医院总平面布置要以满足医院的功能使用要求为前提，力图通过科学合理的布局营造良好的院区环境，塑造现代化医院形象。此外，要尽量控制建设对周边环境的不利影响。进行医院总平面布置之前，首先要精确掌握场地情况相关数据并进行仔细分析，同时要严格按照建筑红线退界控制进行设计，然后按照场地面积和所需建设的功能建筑的特点进行总平面布局。各医疗区既要相对独立，又要内外双通，平常时期能相互联系，非常时期能做到区域隔离、独立应对，便于管控，以最大的便利去满足医院运行和患者就医。

3.1.3　建筑性能分析

建筑性能分析，也就是将建筑信息模型导入专业的性能分析软件，或者直接构建分析模型，对规划及方案设计阶段的建筑物进行日照、采光、通风、能耗、声学等建筑物理性能和建筑使用功能进行模拟分析。医院建筑的特殊设施（诸如智能物流系统、智能化机械式停车库）、特殊场所（诸如大会议室、医学培训室等），也可应用专业分析软件，进行运营性能、消防疏散等性能模拟分析。

1. 应用目的

通过建筑性能模拟分析，然后进行方案设计成果的优化，提高医院建筑的舒适性、安全性、合理性和节能环保性，从而达到建设绿色医院的目的。

2. 应用流程

（1）收集医院建筑所在地的环境条件资料和数据。

（2）依据风环境模拟、能耗模拟、日照模拟和特殊设施及特殊场所运营性能模拟等专业软件的要求，建立各类分析所需的模型。

（3）分别获得单项模拟分析的数据，将成果参数与相关建筑规范、标准的指标进行对比，综合各项结果进行反复调整模型，进行评估，形成建筑综合性能最佳的信息模型。

（4）根据分析成果，调整设计方案，选择建筑性能最优的设计方案。

3. 注意要点

（1）收集的医院建筑所在地气象数据、环境条件数据等资料应保证准确性。

（2）根据医院建筑的使用功能不同，建筑物的日照、采光、通风、能耗及声学等建筑物理性能侧重点有所不同，特殊设施和特殊场所运营性能要求也有所不同。

3.1.4　模拟仿真漫游

模拟仿真漫游，是应用 BIM 软件模拟医院建筑的三维空间关系和场景，通过仿真漫游、动画和虚拟现实（VR）等方法和手段提供身临其境的视觉、空间感受，有助于相关人员在规划及方案设计阶段预览和比选。在施工图设计阶段也需进行模拟仿真漫游，确定最终设计成果符合医院使用者的需求，还可用于招标和施工管理辅助。

1. 应用目的

通过模拟仿真漫游，发现不易察觉的设计缺陷或问题，减少由于事先规划不周全造成的损失，有利于设计与管理人员对设计方案进行辅助设计与方案评审，辅助工程项目的规划、设计、投标、报批与管理。

2. 应用流程

模拟仿真漫游具体操作流程如下：

（1）收集数据，并确保数据的准确性。

（2）将建筑信息模型导入具有虚拟动画制作功能的 BIM 软件，根据建筑项目实际场景的情况，赋予模型相应的材质。

（3）设定视点和漫游路径，该漫游路径应当能反映建筑物整体布局、主要空间布置以及重要场所设置，以呈现设计表达意图。

（4）将软件中的漫游文件输出为通用格式的视频文件，并保存原始制作文件，以备后期调整与修改。

3. 注意要点

动画视频应当能清晰表达建筑物的设计效果，并反映主要空间布置、复杂区域的空间构造等。漫游文件中应包含全专业模型、动画视点和漫游路径等。

3.1.5 设计方案比选

初步完成设计场地的分析工作后，设计单位应对任务书中的建筑面积、功能要求、建造模式和可行性等方面进行深入分析，与医院决策人员、管理人员及医务人员等反复沟通，确定建筑设计的基本框架，包括平面基本布局、体量关系模型等内容。在实现建筑使用功能的前提下，对多种可行的外观装饰、功能布置、施工方法等进行比选。

1. 应用目的

基于 BIM 技术，在三维可视化的仿真场景下进行项目方案的讨论和决策，从而选出最佳的设计方案，实现项目设计方案决策的直观和高效。

2. 应用流程

设计方案的比选基于前期的设计模型，并依照每个设计方案的资料，分别进行 BIM 建模；对多个方案模型逐一进行比对后，整理每个方案的相关技术参数、优缺点等并编制报告；待方案决定后，通过的方案模型将作为方案设计阶段的最终成果模型。方案比选的具体操作流程如图 3-3 所示。

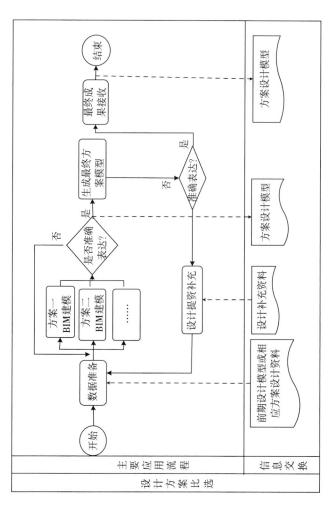

图 3-3　设计方案比选 BIM 应用流程

3. 注意要点

（1）设计方案比选首先应该考虑利用 BIM 分析医院建筑功能的合理实现，同时考虑满足施工安全及施工要求，还需围绕医院特点进行比较分析。

（2）在"边施工，边运营"的医院内部新建或改扩建项目中，施工方案的选择应优先考虑 BIM 模拟后，施工对医院内部交通影响小、施工噪声低的方案。

（3）在建筑功能布局方案对比方面，应优先基于 BIM 分析医院各个科室部门的人流及使用情况后再对方案进行选择，从而最大限度上保证患者、医生、管理及服务人员的便利等。

3.1.6　医疗工艺流程仿真及优化（一级）

一级医疗工艺流程仿真及优化，是基于 BIM 模型及专业性能分析软件，进行仿真模拟、反复修正、多方案选优和对医院建筑的各个科室之间关系的确定。

1. 应用目的

通过一级医疗工艺流程仿真及优化，确定整个新建、改扩建项目的功能单元布局，与项目建设的概念规划成果进行适应性论证，满足医院建筑的功能空间需求，实现各科室沿高层建筑的纵向合理布置，人流、物流动线合理，方便患者就医诊疗服务及后勤管理。

2. 应用流程

（1）以医院建筑项目的基本功能定位和业务框架规划学科或科室单元。

（2）结合概念规划工作进程，初步确定整个医院建筑的功能单元布局。

（3）基于 BIM 模型及专业性能分析软件，进行人流、物流动线的仿真模拟及优化。

（4）将模拟成果向医院的管理层或运营方进行汇报、沟通，审视建设项目的功能结构是否符合医院的运营定位，结合反馈意见对概念规划思路和成果进行调整、再模拟和再优化，直至符合医院建筑的定位及发展规划。

3. 注意要点

医疗工艺流程仿真及优化，需逐级推进、分段落实，很难一步到位。因此，在规划及方案设计阶段应留有足够的时间，进行一级医疗工艺流程仿真及优化，反复讨论和沟通，避免科室总体布局上的不合理现象，从而避免医院建筑的资源浪费、避免人流与物流动线紊乱、避免给患者就医带来不便等。

• 3.2　初步设计阶段

初步设计阶段是介于方案设计和施工图设计之间的过程，是对方案设计进行细化的阶段。此阶段主要应用 BIM 模型可视化、参数化和集成协同性的优势，确定医院建筑物内部水、暖、电、消防和医疗设备等系统的选型及其在建筑内部的初步布置。

3.2.1　建筑与结构专业模型深化构建

随着设计的深入，在方案设计阶段 BIM 模型的基础上，对建筑物的构件材料信息进行添加，并且协同此阶段水、暖、电、消防和医疗设备等系统的布置，对建筑和结构模型的几何信息作适当调整。

1. 应用目的

建筑与结构专业模型的深化主要目的是利用 BIM 软件，进一步细化建筑、结构专业在方案设计阶段的三维几何实体模型，以达到完善建筑、结构设计方案的目标，提高模型的建模深度，为初步设计阶段的应用模拟提供模型基础。

2. 应用流程

建筑与结构专业模型的深化，是使用已完成的方案设计模型成果，基于初步设计阶段的相关图纸及模型样板文件进行模型深化，详细流程如图 3-4 所示。

3. 注意要点

（1）为保证后期建筑、结构模型的准确整合，在模型构建前须保证建筑、结构模型统一基准点，统一模型轴网和标高等。

（2）应该校验建筑、结构专业模型准确性、完整性、专业间设计信息一致性，并且检查模型深度是否满足要求。

3.2.2 建筑结构平面、立面、剖面检查

待初步设计阶段建筑与结构模型深化构建后，需要对模型的平面、立面、剖面进行一致性检查，提高初步设计阶段的设计成果质量。

1. 应用目的

建筑与结构平面、立面、剖面检查的主要目的是通过剖切建筑和结构专业整合模型，检查建筑和结构的构件在平面、立面、剖面位置是否一致，从而消除设计中出现的建筑、结构不统一的错误。

2. 应用流程

（1）收集数据，并确保数据的准确性、完整性和有效性。

（2）整合建筑专业和结构专业模型，对"合模"处理后的模型进行各个方向的剖切，产生平面、立面、剖面视图。

（3）检查建筑、结构两个专业间设计内容是否统一、是否有缺漏，

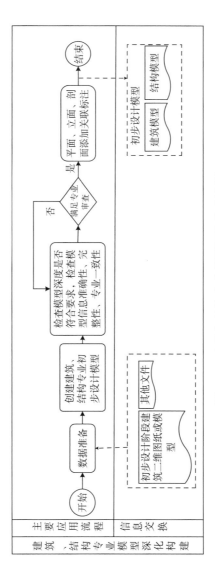

图 3-4 建筑与结构专业模型深化构建流程

检查空间合理性，检查是否有构件冲突等内容。

（4）修正两个专业模型的错误，直到模型准确、统一、无冲突，然后编制碰撞检查报告。

（5）按照统一的命名规则命名文件，保存整合、完善后的模型文件。

3. 注意要点

（1）建筑、结构两个专业模型应达到初步设计阶段模型深度和构件要求。

（2）碰撞检查报告，应包含建筑结构整合模型的三维透视图、轴测图、剖切图等，以及通过剖切模型获得的平面、立面、剖面等二维图，并对检查修改前后的建筑结构模型作对比说明。

3.2.3　医疗工艺流程仿真及优化（二级）

二级医疗工艺流程仿真及优化，是基于 BIM 模型及专业性能分析软件，进行仿真模拟、反复修正、多方案选优和对医院建筑功能单元（科室）内各个房间之间关系的确定。

1. 应用目的

通过二级医疗工艺流程仿真及优化，确定整个新建、改扩建项目每个功能单元内部的房间布局，以便各个功能单元内部可以获得更好的、满足医院建筑功能需求的布置形式。通常可以实现各科室在同一楼层的合理布置，实现人流、物流动线合理，提高医疗工作的安全性和效率。

2. 应用流程

（1）以医院各科室的医疗功能需求为基础，规划科室内的房间。

（2）初步确定各个科室（医疗功能单元）内部的房间布局。

（3）基于 BIM 模型及专业性能分析软件，进行人流、物流动线的仿真模拟及优化。

（4）将模拟成果向院内科室负责人进行汇报、沟通，审视医疗功能单元内部房间的布局是否有利于缩短医疗活动路线，是否实现人物分流、洁污分流，并且实现洁物与污物的流线不交叉、不回流等。

（5）反复模拟和优化，直至符合医院医疗功能单元的规划需求。

3. 注意要点

（1）二级医疗工艺流程仿真及优化，不仅仅针对临床科室，还应该包括医技科室，如放射影像科、检验科、功能检查科、病理科和药剂科等。

（2）二级医疗工艺流程仿真及优化，实施过程相对复杂和漫长，据此调整后的设计成果直接影响到医院各科室单元日常诊疗工作，对医疗工作的安全性和效率起决定作用。

3.2.4　面积明细表统计分析

初步设计阶段，利用 BIM 模型可以方便地对建筑面积进行分类统计。面积统计以面积明细表的方式呈现，具体的分类依据及相关明细，可针对医院管理与使用部门的具体需求进行调整。例如，按照房间功能对病房、手术室、医疗实验室等房间进行分类统计面积，并分析是否满足相关的技术经济指标要求。

1. 应用目的

面积明细表统计的主要目的是利用建筑模型，提取房间面积信息，精确统计各项常用面积指标，以辅助进行技术指标测算；并在建筑模型修改过程中，发挥关联修改作用，实现精确快速统计医院建筑各类医疗用房的净面积，便于与科室负责人、医疗用房者沟通。

2. 应用流程

基于初步设计阶段的 BIM 模型对建筑面积进行明细统计，遵循下述流程：

（1）收集数据，并确保数据的准确性。

（2）检查建筑专业模型中建筑面积、房间面积信息的准确性。

（3）根据项目需求，设置明细表的属性列表，以形成面积明细表的模板。根据模板创建基于建筑信息模型的面积明细表，并命名面积明细表。

（4）根据设计需要，分别统计相应的面积指标，校验是否满足技术经济指标要求。

（5）保存模型文件及面积明细表，如有必要，可结合统计分析软件进一步处理。

3. 注意要点

从模型中导出的明细表除了对各楼层的房间总面积进行统计外，需要考虑医院项目特点，有针对性的按照房间功能，以及所属科室进行分类统计，体现房间楼层、房间面积和体积、建筑面积和体积等重要信息，可以直观地了解各种功能的房间以及各个科室房间面积的分配情况，方便医疗用房者参考和提出调整意见。

3.2.5 建筑设备选型分析

对医院建筑内部的电梯、空调、医用气体系统等设备进行初步选型，确定其基本需求参数，并对其在建筑结构模型中的适配性进行模拟分析，选择在功能参数、几何尺寸、造价指标、使用维护等方面合适且有效的主要设备系统，从而完成建筑设备选型分析工作。

1. 应用目的

在初步设计阶段，建筑师、各专业设备工程师和医院管理人员紧密配合，选配合理的电梯、空调、医用气体系统等设备系统，并应用BIM技术对设备安装与使用情况进行模拟分析，选择合适的设备型号，避免设备参数的选择出现偏差，从而避免设备选型不当引起的设备功能不足或浪费，保证在满足使用设备功能的前提下，节省设备投资。

2. 应用流程

基于 BIM 模型对建筑设备选型的应用，遵循下述流程：

（1）收集数据，并确保数据的准确性。

（2）在模型中对各类主要设备进行排布。

（3）根据项目设备参数表以及医院使用部门的相关需求，赋予模型设备相关参数。

（4）使用专业软件进行分析，适配性判断，重新选择设备参数。

（5）基于最终调整确定的设备参数，从设备清单中寻找对应合适的设备。

3. 注意要点

（1）电梯选型配置时应认真了解建筑物的自身情况和使用环境，包括建筑物的用途、规模、高度和客货流量等因素。

（2）空调的选型标准主要基于空调的工作范围，还需从节能环保的角度，综合考虑空调的型号与类型。除此之外，医院场所相比其他公共场所更特殊，人员密集、病患出入多，对空气病菌传染的控制显得尤为重要，所以医院内诸如手术室、常规病房、供应室、配置中心和血液病房等房间的空调系统参数都应满足《医疗机构消毒技术规范》中相应的规范要求。

（3）医用气体系统的选型应充分考虑设备型号、几何尺寸、安置位置、管线敷设的可操作性和管线布设的美观性。

3.2.6　机电专业模型构建

机电专业模型构建，主要是利用 BIM 软件建立初步设计阶段的强弱电、给排水、暖通、消防及医用气体等机电专业的三维几何实体模型，主要涉及主管、干管及重要构件的模型信息内容。

1. 应用目的

通过初步建立机电专业主管、干管及重要构件的 BIM 模型，配合协调并优化机房及管径设置，优化主管路敷设路线，从而服务于建筑专业的区域功能划分、重点区域优化工作，为施工图设计奠定基础。

2. 应用流程

机电专业模型构建主要遵循下述流程：

（1）收集数据，并确保数据的准确性。

（2）采用机电专业样板文件，链接建筑、结构初步设计模型。

（3）对机电专业主管、干管及主要构件进行设计建模。

（4）配合建筑专业协调机房、管井等功能区域划分，确保主管路由可行性。

（5）按照统一命名规则命名文件，保存模型。

3. 注意要点

（1）机电专业建模应采用与建筑、结构模型一致的轴网和模型基准点。

（2）机电各专业模型初步构建后，应进行初步的管线综合，提前考虑主管、干管及重要构件对净空高度、安装空间、管线美观等因素的影响。

（3）机电模型深度和构件要求应符合此阶段的设计内容及其基本信息要求。

3.3　施工图设计阶段

施工图设计是建筑项目设计的重要阶段，是项目设计和施工的桥梁。这一阶段主要通过施工图图纸及模型，表达建筑项目的设计意图和设计结果，并作为项目现场施工的依据。施工图设计阶段的 BIM 应用是各专业模型构建并进行优化设计的复杂过程。

3.3.1　各专业模型构建

基于扩初阶段的 BIM 模型和施工图设计阶段的设计成果，应用 BIM 软件进一步构建各专业的信息模型，主要包括建筑、结构、强弱电、给排水、暖通、消防及医用气体等专业的三维几何实体模型。

1. 应用目的

作为各专业模型进一步深化的成果，使得项目各专业的沟通、讨论、决策等协同工作在基于三维模型的可视化情境下进行，为碰撞检测、三维管线综合及后续深化设计等提供基础模型。

2. 应用流程

施工图阶段各专业模型的构建，遵循下述流程：

（1）收集数据，并确保数据的准确性。

（2）深化初步设计阶段的各专业模型，达到施工图模型深度，并按照统一命名原则保存模型文件。

（3）将各专业阶段性模型等成果提交给医院建筑后勤管理和使用部门确认，并按照反馈意见调整完善各专业设计成果。

3. 注意要点

（1）各专业模型应满足施工图设计阶段模型深度要求。

（2）在各专业模型建模的过程中，由于涉及专业较多，核查难度相比建筑、结构专业之间要高出许多，在建模及核查过程中建议多人协同进行，发现问题应及时解决。

（3）设计单位在此阶段利用 BIM 的协同技术，可以提高专业内和专业间的协同设计质量，减少"错漏碰缺"，提前发现设计阶段中潜在的风险和问题，及时调整和优化方案。

3.3.2 碰撞检测及三维管线综合

利用 BIM 软件，自动检测管线与管线之间、管线与建筑结构之间的冲突，发现实体模型对象占用同一空间（"硬碰撞"）或者是间距过小无法实现足够通路、安全、检修等功能问题（"软碰撞"），然后通过调整管线、优化布局，解决所有"硬碰撞"和"软碰撞"，以最终完成三维管线综合。

1. 应用目的

碰撞检测及三维管线综合的主要目的是基于各专业模型，应用 BIM 三维可视化技术检查施工图设计阶段的碰撞，完成建筑项目设计图纸范围内各种管线布设与建筑、结构平面布置和竖向高程相协调的三维协同设计工作，尽可能减少碰撞，避免空间冲突，避免设计错误传递到施工阶段。同时应达到空间布局合理，比如重力管线延程的合理排布，以减少水头损失。

2. 应用流程

（1）收集数据，并确保数据的准确性。

（2）整合建筑、结构、给排水、暖通和电气等专业模型，形成整合的建筑信息模型。

（3）设定碰撞检测及管线综合的基本原则，使用 BIM 三维碰撞检测软件和可视化技术，检查发现建筑信息模型中的冲突和碰撞，并进行三维管线综合。编写碰撞检测报告及管线综合报告，提交给建设单位确认后调整模型。其中，一般性调整或节点的设计工作，由设计

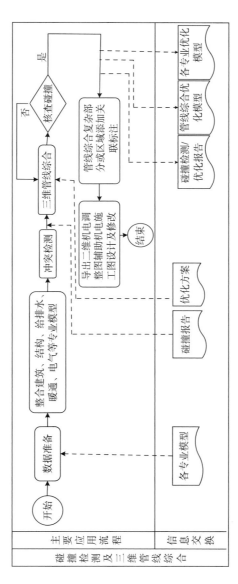

图 3-5　管线碰撞检测及三维管线综合 BIM 应用流程

单位修改解决；较大变更或变更量较大时，宜由建设单位协调后确定解决调整方案。对于二维施工图难以直观表达的造型、构件、系统等，建议提供三维模型辅助表达。

（4）逐一调整模型，确保各专业之间的碰撞问题得到解决。

碰撞检测及三维管线综合BIM应用操作流程如图3-5所示。

3. 注意要点

（1）对医院建筑工程，除了常规的机电管线外，还有很多医用管道及设备；除了通常重点考虑的机房、管廊等复杂部位外，还需要考虑手术室、急诊中心、病房等医院特有区域模型的深化设计，这些情况皆需在碰撞检测及三维管线综合过程中加以考虑。

（2）调整后的各机电专业模型，模型深度和构件要求需要满足施工图设计阶段的各专业模型内容及其基本信息要求。碰撞检测报告中应详细记录调整前各专业模型之间的碰撞，记录碰撞检测及管线综合有关的基本原则及冲突和碰撞的解决方案，对空间冲突、管线综合优化前后进行对比说明。

3.3.3　竖向净空分析

净空分析是指通过优化地上部分的土建、动力、空调、热力、给水、排水、弱电、强电和消防等综合管线。在无碰撞情况下，通过计算机自动获取各功能分区内的最不利管线排布，绘制各区域机电安装净空区域图。

1. 应用目的

基于各专业模型，优化机电管线排布方案，对建筑物最终的竖向设计空间进行检测分析，并给出最优的净空高度。配合施工安装标准，以达到各区在不改变结构和系统情况下的最大管线安装高度，为后期施工及装修提供技术依据。

2. 应用流程

基于 BIM 模型的竖向净空优化具体操作流程如下：

（1）收集数据，并确保数据的准确性。

（2）确定需要净空优化的关键部位，如走道、机房、车道上空等。

（3）在不发生碰撞的基础上，利用 BIM 软件等工具和手段，调整各专业的管线排布模型，最大化提升净空高度。

（4）审查调整后的各专业模型，确保模型准确。

（5）将调整后的建筑信息模型以及相应深化后的 CAD 文件，提交给建设单位确认。其中，对二维施工图难以直观表达的结构、构件、系统等提供三维透视和轴测图等三维施工图形式辅助表达，为后续深化设计、施工交底提供依据。

3. 注意要点

（1） 确定调整后的各专业模型深度及其基本信息内容，符合施工图设计阶段的应用要求。

（2） 优化报告应记录建筑竖向净空优化的基本原则，对管线排布优化前后进行对比说明。

（3） 优化后的机电管线排布平面图和剖面图，应当精确标注竖向标高。

3.3.4　医疗工艺流程仿真及优化（三级）

三级医疗工艺流程仿真及优化，是基于 BIM 模型及专业性能分析软件，进行仿真模拟、反复修正、多方案选优，确定医院建筑的各个房间内部的设施设备、医疗家具、水电点位和内装条件（地面、墙面、天篷、通风及温度等）等。

1. 应用目的

通过三级医疗工艺流程仿真及优化，确定整个新建、改扩建项目每个房间内部的布局，为具体进行临床诊疗工作的医生、护士、技师等打造完善的工作用房条件。

2. 应用流程

（1）以医院各房间的医疗功能需求为基础，规划房间内的设施设备、医疗家具、水电点位和内装条件。

（2）初步确定各个房间内部的布局。

（3）基于 BIM 模型及专业性能分析软件，进行诊疗一线工作人员的诊疗动作和活动路线仿真模拟。

（4）将模拟成果与房间使用者（医生、护士、技师等一线工作人员）沟通，听取意见并调整。

（5）反复模拟和调整，直至符合房间使用者医疗行为的需求。

3. 注意要点

三级医疗工艺流程的仿真及优化，依据具体医院建筑的功能需求和建设条件，可以贯穿初步设计阶段和施工图设计阶段，甚至可以延续到施工准备阶段的深化设计过程。

3.3.5 辅助施工图设计（2D 制图）

基于 BIM 的二维制图是以三维设计模型为基础，通过剖切的方式形成平面、立面、剖面和节点等二维断面图，可采用结合相关制图标准，补充相关二维标识的方式出图，或在满足审批审查、施工和竣工归档要求，直接使用二维断面图方式出图。对于复杂局部空间，宜借助三维透视图和轴测图进行表达。

1. 应用目的

基于 BIM 的二维制图，主要目的是保证单专业内平面图、立面图、剖面图、系统图及详图等表达的一致性和及时性，消除专业间设计冲突与信息不对称的情况，为后续设计交底、深化设计、施工等提供依据。

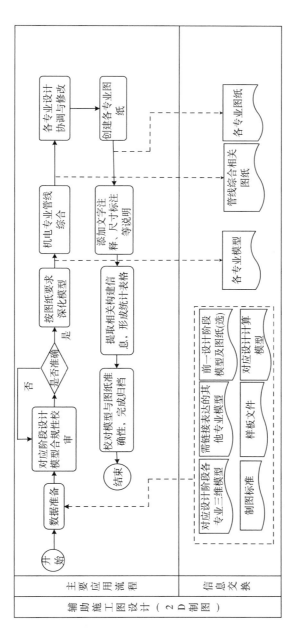

图 3-6　基于 BIM 的二维制图操作流程

2. 应用流程

基于 BIM 的二维制图，遵循操作流程如图 3-6 所示。

3. 注意要点

（1）确保模型间相互链接路径准确。

（2）确保模型图纸视图与最终出图内容的一致性。

（3）图纸深度应当满足对应阶段《建筑工程设计文件编制深度规定》中的要求。

• 3.4 施工准备阶段

工程建设的施工准备阶段，基于 BIM 应用，为工程的施工建立必需的技术条件和物质条件，统筹安排施工力量和施工现场，使工程具备开工和施工的基本条件。

3.4.1 施工深化设计

深化设计是指在建设单位或设计院提供的条件图或原理图基础上，结合施工现场的实际情况，对图纸进行细化、补充和完善。

1. 应用目的

施工深化设计的主要目的是提升深化后 BIM 模型的准确性、可校核性。将施工规范与施工工艺融入施工作业 BIM 模型，使施工图满足施工作业的要求。基于施工图设计阶段模型、设计单位施工图和施工现场条件、设备选型等信息的输入，完善或者重新建立可表示工程实体的施工作业模型。

2. 应用流程

基于 BIM 模型的施工深化设计具体操作流程如下：

（1）收集数据，并确保数据的准确性。

（2）施工单位依据设计单位提供的施工图和施工图设计模型，根据自身施工特点及现场情况，完善建立深化设计模型。该模型应该根据实际采用的材料设备、实际产品的基本信息构建模型和进行模型深化。

（3）BIM 工程师结合自身专业经验或与施工技术人员配合，对建筑信息模型的施工合理性、可行性进行甄别，并进行相应的调整优化。同时，对优化后的模型进行碰撞检测。

（4）施工深化设计模型通过建设单位、设计单位、相关顾问单位的审核确认，最终生成可指导施工的三维图形文件及二维深化施工图、节点图。

施工深化设计 BIM 应用操作流程如图 3-7 所示。

3. 注意要点

（1）施工深化设计模型应包含工程实体的基本信息，并清晰表达关键节点施工方法。

（2）施工深化设计图宜由深化设计模型输出，满足施工条件，并符合政府、行业规范及合同的要求。

3.4.2　施工场地规划

1. 应用目的

施工场地规划是对施工各阶段的场地地形、既有建筑设施、周边环境、施工区域、临时道路、临时设施、加工区域、材料堆场、临水临电、施工机械安全文明施工设施等进行规划布置和分析优化，以保证场地布置科学合理性。

2. 应用流程

（1）收集数据，并确保其准确性。

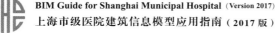

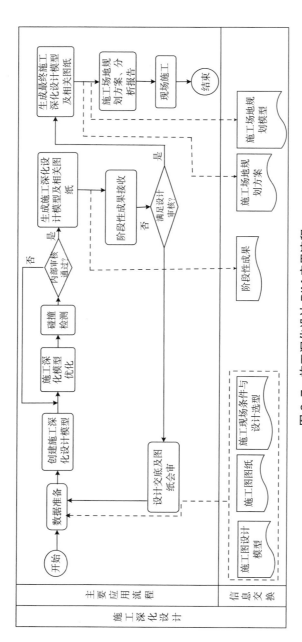

图 3-7 施工深化设计 BIM 应用流程

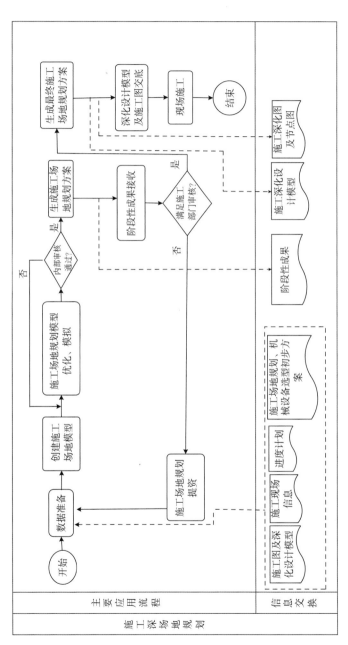

图 3-8　施工场地规划 BIM 应用流程

（2）根据施工图设计模型或深化设计模型、施工场地信息、施工场地规划、施工机械设备选型初步方案以及进度计划等，创建或整合场地地形、既有建筑设施、周边环境、施工区域、道路交通、临时设施、加工区域、材料堆场、临水临电、施工机械和安全文明施工设施等模型，并附加相关信息进行经济技术模拟分析，如工程量比对、设备负荷校核等。

（3）依据模拟分析结果，选择最优施工场地规划方案，生成模拟演示视频并提交施工部门审核。

（4）编制场地规划方案并进行技术交底。

施工场地规划 BIM 应用操作流程如图 3-8 所示。

3. 注意要点

（1）施工场地规划模型应动态表达施工各阶段的场地地形、既有建筑设施、周边环境、施工区域、临时道路、临时设施、加工区域、材料堆场、临水临电、施工机械和安全文明施工设施等规划布置，要尽可能地接近现场情况。

（2）施工场地规划方案、施工场地规划分析报告，应包含模拟结果分析、可视化资料等，辅助编制施工场地规划方案。

3.4.3　施工方案模拟

施工方案模拟，是指在工程开始施工前，对建筑项目的施工方案进行模拟、分析与优化，从而发现施工中可能出现的问题，在施工前提前采取预防措施，减少施工进度拖延、安全问题频发、返工率高及建造成本超支等现有工程项目管理的通病，实行多方案对比优化，直到获得最佳的施工方案，从而指导具体施工工作。

1. 应用目的

在施工图设计模型或深化设计模型的基础上附加建造过程、施工顺序、施工工艺等信息，进行施工过程的可视化模拟，并充分利用 BIM 对方案进行分析和优化，提高方案审核的准确性，实现施工方案的可视化交底。

2. 应用流程

（1）数据准备：主要包括施工作业模型、施工图纸、工程进度要求、施工现场条件、人员，以及材料和设备的调配情况等与施工方案相关的文件资料。

（2）创建施工过程演示模型：在确保收集数据准确性的前提下，根据施工方案资料和文件，将基于技术、管理等方面定义的施工过程附加信息添加到施工作业模型中，进而构建施工过程推演模型。在该模型中，工程实体和现场施工环境、施工方法及顺序、施工机械位置及运行方式和临时及永久性设施位置等都将一一得到模拟展示。

（3）优化施工过程演示模型：通过模拟演示的可视化功能，结合工程项目的施工工艺流程，提前发现施工过程的隐性问题，从而消除质量与安全隐患。通过优化，选择最优的施工方案，生成模拟演示模型和视频等阶段性成果，并提交建设单位、监理、设计及 BIM 咨询单位审核。

（4）形成最终施工模拟成果：从施工模拟的可行性、施工质量与安全的保障性、施工进度对总进度的影响性、经济性等方面进行审核，并可进一步完善阶段性施工过程模拟成果，从而形成最终施工模拟成果，用于可视化技术交底和施工方案实施。主要包括施工过程演示模型、演示视频和可行性报告等方面的内容。

施工模拟 BIM 应用操作流程如图 3-9 所示。

3. 注意要点

（1）施工过程演示模型。模型应表示施工过程中的活动顺序、相互关系及影响、施工资源、措施等施工管理信息。

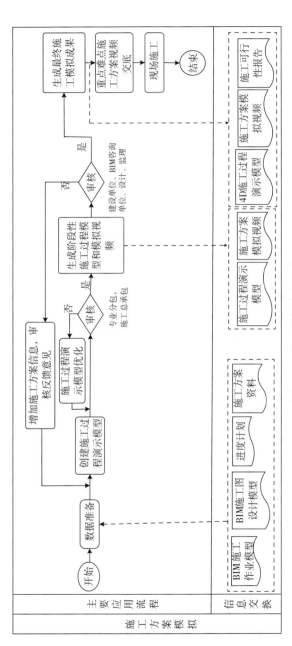

图 3-9　施工模拟应用流程

（2）施工过程演示动画视频。动画应当能清晰表达施工方案的模拟。

（3）施工方案可行性报告。报告应通过三维建筑信息模型论证施工方案的可行性，并记录不可行施工方案的缺陷与问题。

3.4.4　BIM 工程量计算

在工程招投标及施工准备阶段，基于施工图设计模型，依据招投标相关要求，附加招投标确定的工程量计算原则，深化施工图模型，形成施工图预算模型，利用模型编制施工图预算和招标工程量清单。

1. 应用目的

基于 BIM 的造价及工程量计算，提高施工图预算工程量计算和工程量清单编制的效率和准确性，为工程建设成本控制奠定良好的基础。

2. 应用流程

（1）收集数据，并且确保数据的准确性。

（2）确定规则要求，即根据招投标阶段工程量计算范围、招投标工程量清单要求及依据，确定工程量清单所需的构件编码体系、构件重构规则与计量要求。

（3）编码映射。将构件与对应的工程量清单编码进行匹配，完成模型中构件与工程量计算分类的对应关系。

（4）完善构件属性参数。相关参数主要包括尺寸、材质、规格、部位、工程量清单规范约定、特殊说明、项目特征和工艺做法等内容。

（5）形成施工图预算模型。

（6）编制工程量清单。

（7）施工图预算工程量计算和编制。

BIM 工程量计算的操作流程如图 3-10 所示。

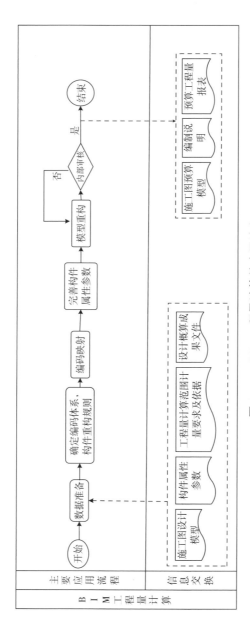

图 3-10 BIM 工程量计算的应用流程

3. 注意要点

（1）BIM 工程量计算模型应正确体现计量要求，可根据空间（楼层）、时间（进度）、区域（标段）构件属性及时、准确地统计工程量数据。

（2）BIM 工程量计算模型应准确表达预算工程量计算的结果与相关信息，可配合招投标及工程建设造价控制相关工作。

（3）BIM 工程量计算的报表，应准确反映构件净的工程量，不含相应损耗，从而作为招投标和目标成本编制的重要依据。

3.4.5　构件预制加工

运用 BIM 技术提高构件预制加工能力，包括混凝土结构预制构件、钢结构预制构件、木结构预制构件等，实现生产工厂化与管理信息化深度融合，基于 BIM 在工厂预制加工建筑构件，然后运到施工现场，基于 BIM 信息进行高效拼装，这是实现医疗卫生建筑产业现代化的重要内容。

1. 应用目的

应用 BIM 技术，通过形象化的深化设计减少产品生产中的问题以降低试错成本；通过三维化的展示以加深所有参与部门的相互了解，减少沟通成本；通过"预制 – 装配"方式实现流水化生产，降低劳动成本，提高工程质量。

2. 应用流程

基于 BIM 的构件预制加工辅助，主要流程内容包括如下。

（1）数据准备：主要包括施工作业模型、预制构件的预制工作界面和安装方案设计、施工图纸、构件安装现场条件及加工制作设备的调配情况等与预制加工方案相关的文件资料。

（2）创建预制构件模型：在确保收集数据准确性的前提下，根

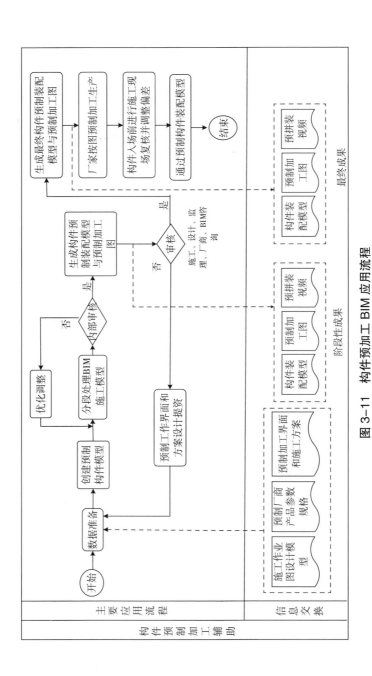

图 3-11 构件预加工 BIM 应用流程

据预制加工方案资料和文件，将基于技术、管理等方面定义的预制加工过程附加信息添加到预制构件模型中，进而构建预制加工模型。

（3）生成构件预装配模型与预制加工图：获取预制厂家产品的构件模型，或根据厂家产品参数规格自行建立构件模型库，替换施工作业模型原构件。为了保证后期可执行必要的数据转换、机械设计及归类标注等工作，将施工作业模型转换为预制加工设计图纸。施工作业模型按照厂家产品进行分段处理，并复核是否与现场情况一致。生成构件预装配模型与预制加工图等成果，并提交设计、监理、厂家及BIM 咨询服务单位审核。

（4）生成最终构件预制加工成果：经过深化设计方、加工厂家、施工方等单位参与的图纸会审，检查模型和深化设计图纸中的错漏碰缺；根据各自的实际情况互提要求和条件，确定加工范围和深度，选择加工方式、加工工艺和加工设备；将构件预制装配模型数据导出，进行编号标注，生成预制加工图及配件表，从而形成最终预制加工成果；施工单位审定复核后，送厂家加工生产。

构件预加工 BIM 应用操作流程如图 3-11 所示。

3. 注意要点

（1）构件预制装配模型。模型应正确反映构件的定位及装配顺序，能够达到虚拟演示装配过程的效果。

（2）构件预制加工图。加工图应体现构件编码，达到工厂化制造要求，并符合相关行业出图规范。

· 3.5　施工阶段

工程建设的施工阶段是直接"兑现"BIM 技术应用价值的阶段。在该阶段，BIM 技术的应用深度，将直接影响工程建设的进度、造价、质量与安全等项目管理重要目标。

3.5.1 4D 施工模拟及进度控制

在三维建筑信息几何模型的基础上，增加时间维，从而进行 4D 施工模拟。通过安排合理的施工顺序，在劳动力、机械设备、物资材料及资金消耗量最少的情况下，按规定的时间完成满足质量要求的工程任务，实现施工进度控制。

1. 应用目的

基于可视化的 4D 施工模拟及进度控制，管理人员可以直观地查看各项施工作业，识别出潜在的施工过程中的交错、矛盾现象，分区、分块施工的可行性，进行小范围的工序变更和优化。此外，在计划阶段参与者更容易判断资源分配的合理性，例如现场空间、设备、劳动力等，从而在编制修改进度方案及施工方案时更富有创造性。

2. 应用流程

4D 施工模拟及进度控制辅助的应用流程如下：

（1）收集数据，并确保数据的准确性。

（2）根据不同深度、不同周期的进度计划要求，创建项目工作分解结构（WBS），分别列出各进度计划的活动（WBS 工作包）内容。根据施工方案确定各项施工流程及逻辑关系，制定初步施工进度计划。

（3）将进度计划与模型关联生成施工进度管理模型。

（4）利用施工进度管理模型进行可视化施工模拟。检查施工进度计划是否满足约束条件、是否达到最优状况。若不满足，需要进行优化和调整，优化后的计划可作为正式施工进度计划。经项目经理批准后，报建设单位及工程监理审批，用于指导施工项目实施。

（5）结合虚拟设计与施工（VDC）、增强现实（AR）、三维激光扫描（LS）和施工监控及可视化中心等技术，实现可视化项目管理，

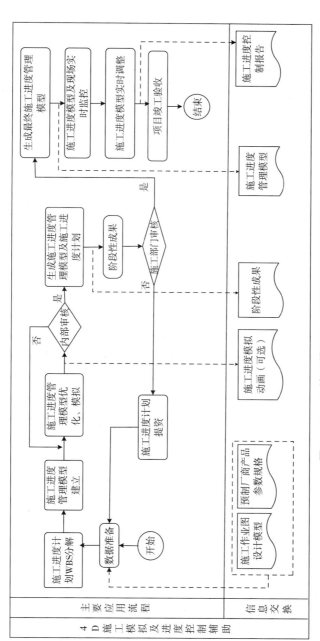

图 3-12　4D 施工模拟及进度控制 BIM 应用流程

055

对项目进度进行更有效的跟踪和控制。

（6）在选用的进度管理软件系统中输入实际进度信息后，通过实际进度与项目计划间的对比分析，发现二者之间的偏差，分析并指出项目中存在的潜在问题。对进度偏差进行调整以及更新目标计划，以达到多方平衡，实现进度管理的最终目的，并生成施工进度控制报告。

进度控制 BIM 应用流程如图 3-12 所示。

3. 注意要点

（1）施工进度管理模型。模型应准确表达构件的外表几何信息、施工工序及安装信息等。

（2）施工进度控制报告。报告应包含一定时间内虚拟模型与实际施工的进度偏差分析。

3.5.2　工程计量统计

施工阶段的工程计量统计，即在施工图设计模型和施工图预算模型的基础上，按照合同规定深化设计和工程量计算要求深化模型，同时依据设计变更、签证单、技术核定单和工程联系函等相关资料，及时调整模型，据此进行工程计量统计。

1. 应用目的

通过结合时间和成本信息，实现施工过程造价成本的动态管理与应用、资源计划制定中相关量的精准确定、招标采购管理的材料与设备数量计算与统计应用以及用料数量统计与管理应用，以提高施工阶段工程量计算效率和准确性。

2. 应用流程

施工阶段的工程计量统计，主要流程内容如下：

（1）收集数据，并确保数据的准确性。

（2）形成施工过程造价管理模型。即在施工图设计模型和施工图预算模型的基础上，依据施工进展情况，在构件上附加"进度"和"成本"等相关属性信息。

（3）维护模型。主要依据设计变更、签证单、技术核定单和工程联系函等相关资料，对模型作出及时调整。

（4）施工过程造价动态管理。利用施工造价管控模型，按时间进度、形象进度、空间区域实时获取工程量信息数据，并分析、汇总和制表处理。

（5）施工过程造价管理工程量计算。依据 BIM 计算获得的工程量，进行人力资源调配、用料领料等方面的精准管理。

施工阶段工程计量统计的 BIM 应用流程如图 3-13 所示。

3. 注意要点

（1）施工过程的造价管理模型，应正确体现计量要求，并且及时更新。

（2）施工过程的造价管理模型，构件属性应增加齐全，依据统计分析的需求，可根据空间（楼层）、时间（进度）、区域（标段）和构件属性参数及时、准确地统计工程量数据。

3.5.3　设备与材料管理

1. 应用目的

应用 BIM 技术对施工过程中的设备和材料进行管理，达到按施工作业面配料的目的，实现施工过程中设备、材料的有效控制，提高工作效率，减少浪费。

2. 应用流程

（1）收集数据，并确保数据的准确性。

（2）在深化设计模型中添加或完善楼层信息、构件信息、进度表和报表等设备与材料信息。

058

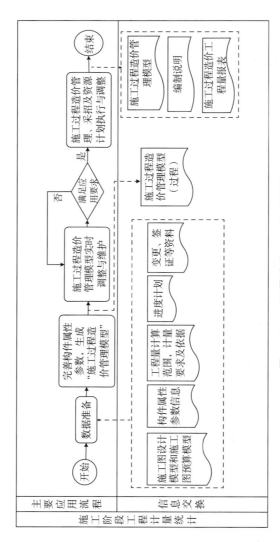

图 3-13　工程量统计 BIM 应用流程

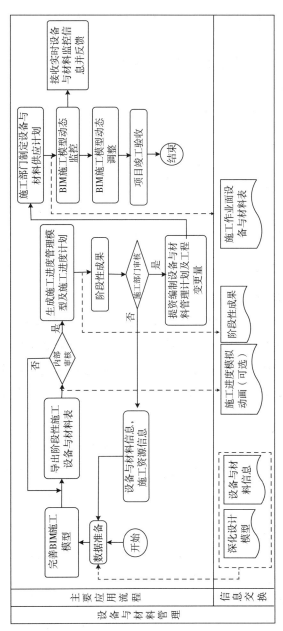

图 3-14　设备与材料管理 BIM 应用流程

（3）按作业面划分，从 BIM 中输出相应的设备、材料信息，通过内部审核后，提交给施工部门审核。

（4）根据工程进度实时输入变更信息，包括工程设计变更、施工进度变更等。

设备与材料管理 BIM 应用流程如图 3-14 所示。

3. 注意要点

（1）设备与材料管理模型应在施工过程中不断完善，添加产品信息、施工与安装信息。

（2）基于 BIM 生成的施工作业面设备与材料表，应可按阶段性、区域性、专业类别等方面进行分类应用。

3.5.4 质量控制

1. 应用目的

基于 BIM 技术的质量管理，通过现场施工情况与模型的对比分析，从材料、构件和结构三个层面控制质量，有效避免质量通病的发生。BIM 技术的应用丰富了项目质量检查和管理的模式，将质量信息关联到 BIM 模型，通过模型预览，可以在各个层面上提前发现问题。

2. 应用流程

BIM 技术的应用不仅提供了一种可视化的管理模式，也能充分发掘传统技术的潜在价值，使其更充分、有效地为工程项目质量管理工作服务。基于 BIM 的质量管理流程如图 3-15 所示。

3. 注意要点

（1）需要提前对工人进行基于 BIM 的质量管理技术交底，进行开工前的培训，或为工人实际操作提供参考，从而减少实际操作失误。

（2）现场施工管理人员需要实时将现场问题进行拍照、对问题进行描述上传相应平台，有效的跟踪质量与安全问题，任务信息共享，

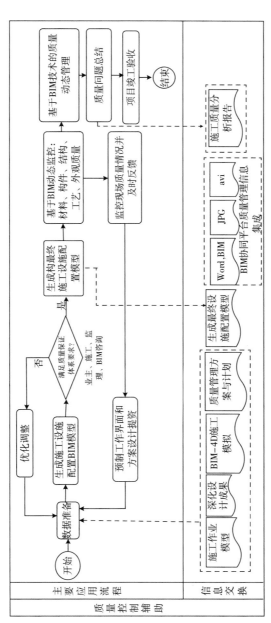

图 3-15　质量管理 BIM 应用流程

精确控制质量与安全管理信息。

3.5.5　安全管理

安全管理是企业生产管理的重要组成部分，安全管理的对象是生产中的一切人、物、环境等的状态管理与控制，安全控制是一种动态管理。

1. 应用目的

BIM 技术不仅可以通过施工模拟提前识别施工过程中的安全风险，并且可以利用多维模型让管理人员直观了解项目动态的施工过程，进行危险识别和安全风险评估。并且，基于 BIM 技术的施工管理可以保证不同阶段、不同参与方之间信息的集成和共享，保证了施工阶段所需信息的准确性和完整性，有利于施工安全管理。

2. 应用流程

安全管理的 BIM 应用流程如图 3-16 所示。

3. 注意要点

（1）需要提前对工人进行基于 BIM 的安全管理技术交底，进行开工前的培训，或为工人实际操作提供参考，从而减少操作失误，避免安全事故的发生。

（2）现场施工管理人员需要实时将现场问题进行拍照、对问题进行描述上传相应平台，有效的跟踪安全问题，任务信息共享，辅助安全管理。

3.5.6　竣工模型构建

竣工验收是全面考核建设工种成果，检查设计、施工、设备和生产准备工作质量的重要环节，对促进医疗卫生建设项目及时投入使用，发挥投资效益，总结建设经验有重要作用。

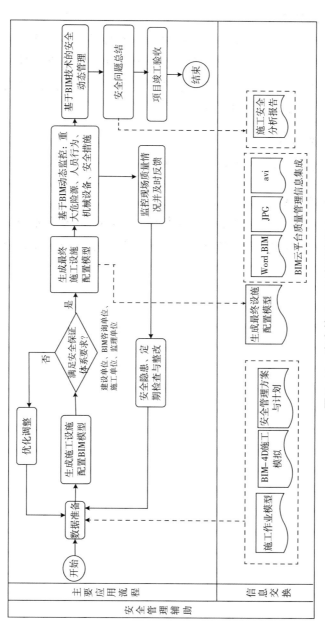

图 3-16　安全管理 BIM 应用流程

1. 应用目的

基于 BIM 技术的竣工验收管理目的主要起到信息整合的作用，从而为建设方获取完整的信息提供途径。在项目竣工验收时，将竣工信息添加到 BIM 中，并根据实际建造情况进行修正，保证模型与工程实体的一致性，以满足交付运营的要求。

2. 应用流程

竣工验收应用流程如图 3-17 所示。

3. 注意要点

在竣工验收阶段过程中，各参与方需及时将更改部分上传至相应管理平台，保证 BIM 模型与工程实体完全一致，确保竣工模型的精确性。

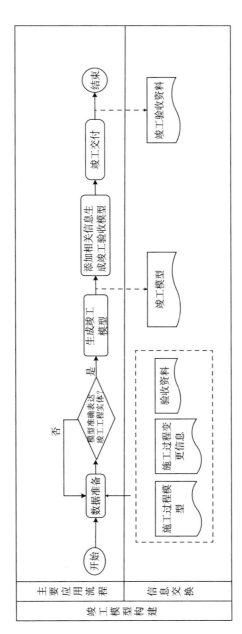

图 3-17　竣工验收 BIM 应用流程

第 4 章　大修改造项目 BIM 实施要点

　　大修改造项目的 BIM 应用点与新建、改扩建项目基本一致，但如 1.2 节中所述，大修改造项目具有自身独特的特点，前期勘察、模型构建和施工管理等方面都存在较大难度和风险，因此 BIM 应用也具有特殊需求。以下将其不同于新建、改扩建项目的 BIM 应用要点进行阐述，以指导具体应用。

• 4.1　设计阶段

4.1.1　模型构建

　　大修改造项目不同于新建、改扩建项目，由于年代久远，有的只存在竣工蓝图，有的二维电子图纸不全，还有的三维模型数据缺乏，建议采用逆向建模技术准确搭建 BIM 模型，提高模型准确度，确保 BIM 技术的顺利实施。

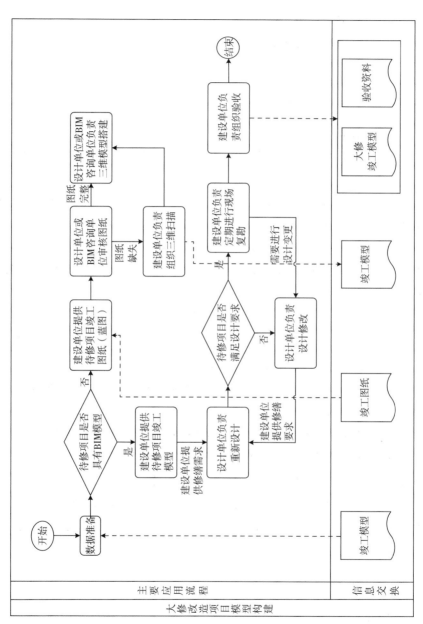

图 4-1　大修改造项目模型构建流程

1. 应用目的

该阶段应用目的与 3.1.1 节相同。

2. 应用流程

大修改造项目模型构建基本流程如图 4-1 所示。

3. 注意要点

（1）建设单位配合设计单位或 BIM 咨询单位使用待修项目竣工图纸进行模型复建工作，并添加相关设计信息；对于图纸不完全的项目，建设单位必须组织牵头，配合现场进行三维激光扫描、拍照、录视频及现场测量等工作，保证模型与建筑实体的一致性。

（2）设计单位或 BIM 咨询单位将最终模型成果保存为 rvt 格式文件，提交成果须同时提供 dwf 文件，同时还需提供相应的 nw 文件方便对模型进行查阅及后续应用

（3）设计单位或 BIM 咨询单位根据修缮模型深度要求，配合修缮设计任务完成设计模型，并根据现场实际情况进行完善。同时要求模型可以完整反映各机电点位，可以进行后期的施工配合管理。

（4）施工单位做好施工组织及工期安排工作，为后续数据的正确拼接提供有利条件。

（5）建设单位与设计单位或 BIM 咨询单位在大修进行前对三维数据留存，与大修设计中新增的部分（如机电管道系统）进行对比，对于大修新增加的部分提供给施工单位重点关注，做好现场复勘工作。

（6）施工单位测量并记录现场真实数据，应提交设计单位或 BIM 咨询单位比对竣工模型对应位置，查找差异原因以便为后续施工提供依据。

4.1.2　建筑性能分析

大修改造项目不同于新建、改扩建项目，一般受制于原有的建筑

条件，建筑性能提高有限，建议结合既有建筑及大修改造部分进行建筑性能分析，优化方案设计成果，提高医院建筑的舒适性、安全性、合理性和节能环保性。

1. 应用目的

该阶段应用目的与 3.1.3 节相同。

2. 应用流程

（1）收集数据，并确保数据的准确性。

（2）根据前期数据及分析软件要求，向设计单位或 BIM 咨询单位提资各类分析所需要的模型。

（3）分别获得单项分析数据，综合各项结果反复调整模型，进行评估，寻求建筑综合性能平衡点。

（4）设计单位或 BIM 咨询单位根据分析结果，调整设计方案。

3. 注意要点

（1）依据不同分析软件对模型的深度要求，专项分析模型应满足该分析项目的数据要求。

（2）模拟分析报告应体现模型图像、软件情况、分析背景、分析方法、输入条件和分析数据结果以及对设计方案的对比说明。

4.1.3　交通设施分析

大修改造项目不同于新建、改扩建项目，其交通流线必须考虑既有建筑条件，结合大修改造的具体需求，在设计阶段从设施的位置、方向、型号以及对人流疏散的影响等各方面进行模拟分析，辅助建设单位决策。

1. 应用目的

该阶段应用目的与 3.1.3 节相同。

2. 应用流程

（1）收集数据，并确保数据的准确性。

（2）根据前期数据及分析软件要求，向设计单位或BIM咨询单位提资各类分析所需要的模型。

（3）获得单项分析数据，综合各项结果反复调整模型，提资建设单位进行评估，决策新增交通设施的设置。

（4）设计单位根据分析结果，调整设计方案、设施型号等。

3. 注意要点

（1）依据不同分析软件对模型的深度要求，专项分析模型应满足该分析项目的数据要求。

（2）模拟分析报告应体现模型图像、软件情况、分析背景、分析方法、输入条件和分析数据结果以及对设计方案的对比说明。

（3）动画视频应当能清晰表达建筑物的设计效果，并反映主要空间布置、复杂区域的空间构造等。

（4）漫游文件中应包含全专业模型、动画视点和漫游路径等。

4.1.4　装饰效果分析

大修改造项目不同于新建、改扩建项目，其装饰效果必须考虑既有建筑的风格，结合大修改造的具体需求，对大修改造项目的装饰效果进行漫游分析。

1. 应用目的

通过虚拟仿真漫游，对大修改造项目的装饰效果进行漫游分析，辅助建设单位对整体装饰风格的把控，加快设计方案的修改、调整与完善。

2. 应用流程

（1）收集数据，并确保数据的准确性。

（2）设计单位或 BIN 咨询单位负责构建装饰模型，根据建筑项目实际场景情况，赋予模型构件相应的材质。将建筑信息模型导入具有虚拟漫游、动画制作功能的软件。

（3）设计单位或 BIN 咨询单位将软件中的漫游文件输出为通用格式的视频文件，提资建设单位与设计单位作为决策与设计修改依据，并保存原始制作文件，以备后期的调整与修改。

3. 注意要点

（1）动画视频应当能清晰表达建筑物的设计效果，并反映主要空间布置、复杂区域的空间构造等。

（2）漫游文件中应包含全专业模型、动画视点和漫游路径等。

• 4.2　施工阶段

大修改造项目不同于新建、改扩建项目，大多需要采用"边施工、边运营"的施工方式，受限于既有建筑的施工条件，同时兼顾医疗运营的具体需求，需要利用 BIM 模型进行施工进度模拟。

4.2.1　进度模拟

1. 应用目的
该阶段应用目的与 3.5.1 节相同。

2. 应用流程
（1）收集数据，并确保数据的准确性。

（2）根据不同深度、不同周期的进度计划要求，创建项目工作分解结构（WBS），分别列出各进度计划的活动（WBS 工作包）内容。根据施工方案确定各项施工流程及逻辑关系，制定初步施工进度计划。

（3）将进度计划与模型关联生成施工进度模型。

（4）利用施工进度模型进行可视化施工模拟。

（5）协调施工单位与医院运营时间的交叉，对医院正常运营可能造成的进度影响问题及时调整，优化施工进度计划，生成施工进度模拟报告。

施工进度模拟应用流程如图 4-2 所示。

3. 注意要点

（1）大修阶段施工进度安排宜采用自上而下的方式，尽量避免医院正常营业时间内医院门诊区的大范围施工。

（2）大修改造项目经常存在"边施工、边运营"的情况，建设单位需做好二者的协调工作，并将设计进度作为进度计划的重要一环。

（2）施工进度模拟过程应区分施工区域与正常运营区域，相互协调，做到进度问题的事前控制。

（3）模型应准确表达构件的外表几何信息、施工工序及安装信息等。

（4）进度模拟报告应包含大修阶段一定时间内虚拟模型与实际施工的进度偏差分析，并提出协调解决方案。

4.2.2　施工工序模拟

大修改造项目不同于新建、改扩建项目，经常采用"边施工、边运营"的施工方式，受限于既有建筑的施工条件，同时兼顾医院运行的具体需求，利用 BIM 模型进行施工工序模拟，提高施工组织的精细化程度。

1. 应用目的

该阶段应用目的与 3.4.3 节相同。

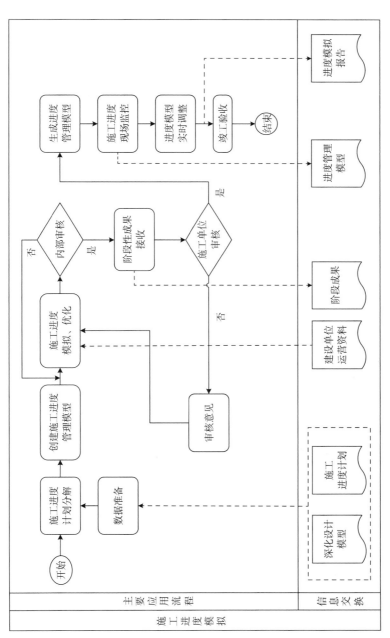

图 4-2　大修改造项目基于 BIM 的施工进度模拟流程

2. 应用流程

（1）收集数据，并确保数据的准确性。

（2）根据大修阶段的施工方案，创建施工工序演示模型。

（3）结合大修改造项目的施工特点，根据项目修缮期间的运营需求，调整施工工序并进行施工模拟、优化，选择最优施工工艺流程。

（4）针对局部与医院运营地点交叉、施工场地狭小、施工工期紧张的区域，进行重点施工工艺模拟，模拟过程需与施工单位、建设单位后勤管理部门相互协调。

（5）创建优化后的施工工序模拟演示模型，生成模拟演示动画视频，并编制工序模拟报告。

施工工序模拟 BIM 应用操作流程如图 4-3 所示。

3. 注意要点

（1）模型应表示施工过程中的活动顺序、相互关系及影响、施工资源及措施等施工管理信息。同时模型应表示工程实体和现场施工环境、施工机械的运行方式、施工方法和顺序和所需临时及永久设施安装的位置等。

（2）施工模拟动画应当能清晰表达施工方案的模拟。

（3）施工工序优化过程应与建设单位充分沟通，尽量避开医院运营时间与地点，模拟过程应对施工范围、机械布置位置等重点把控，确保修缮工程顺利实施。

（4）施工工序模拟报告应通过三维建筑信息模型论证施工方案的可行性，并记录不可行施工方案的缺陷与问题。

4.2.3　功能调整模拟

大修改造项目不同于新建、改扩建项目，需要在既有建筑房间和空间基础上进行功能调整，但医院各科室涉及众多专用设备，大修改

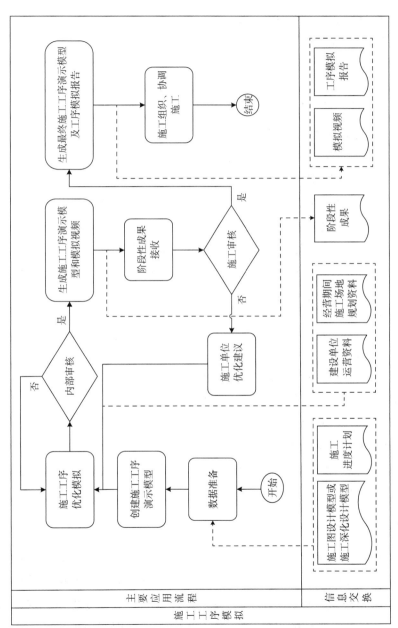

图 4-3　大修改造项目基于 BIM 的施工工序模拟流程

造可能改变原有医疗工艺及动线关系，因此需要对空间及设备调整方案进行功能调整模拟。

1. 应用目的

该阶段应用目的与 3.1.5 节相同。

2. 应用流程

（1）收集数据，并确保数据的准确性。

（2）在模型中对各类主要设备进行排布。

（3）根据项目设备参数表以及医院使用部门的相关需求，运用 BIM 模型的漫游功能，模拟设备的行动路线，对医院设备调整进行优化。

（4）组织建设单位后勤管理部门与施工单位进行协调，尽量减少功能调整对医院正常运营的影响，并对调整的设备信息及时更新。

（5）基于模拟结果调整施工方案，形成空间功能及设备调整模拟报告。

3. 注意要点

（1）设备调整需做好空间布局，积极与建设单位、施工单位进行沟通，保证设备移动过程中不被损坏。

（2）调整后的设备信息应及时更新至医院运维管理系统，以便大修结束后的运维管理。

（3）调整报告应体现调整前后的设备排布信息、调整过程分析及优化依据。

4.2.4　变更管理

大修改造项目不同于新建、改扩建项目，由于年代久远、设计资料不全造成设计方案与现场施工实际不符而经常引起变更，需根据复建的 BIM 模型补充设计资料，校核设计意图，减少变更量，保证施工质量；对需要变更的设计方案需经过 BIM 模型现场模拟后才能实施，解决变更管理中的对施工工序、施工进度的影响，提供后续施工依据，对施工工作起到指导作用。

1.应用目的

尽量保证 BIM 符合真实情况，基于 BIM 的成本统计与监测，为大修改造项目成本控制奠定良好基础。

2.应用流程

（1）收集数据，并确保数据的准确性。

（2）测量并记录现场真实数据，隐蔽工程的测量记录可采用三维激光扫描技术进行。

（3）利用复建的 BIM 模型补充设计资料，校核设计意图与现场施工是否吻合。

（4）根据施工现场变更更新施工模型，并依据施工模型模拟变更后的施工工序、进度计划，统计工程变更量。

（5）根据模拟结果调整施工工序、施工进度，生成变更报告。

3.注意要点

（1）真实数据记录应重点关注隐蔽记录（如钢筋、隐蔽管线）等。

（2）隐蔽工程测量需配合施工进度逐层测量，并对测量数据进行整合，补充到大修设计资料中。

（3）大修过程设计方案应与复建 BIM 模型进行比对，验证施工与设计的匹配度，尽量减少变更量。

（4）对变更后的设计方案需及时同步至施工模型，对复杂施工部位变更、影响医院正常运营的变更、影响施工关键路线的变更需经施工模拟后，依据变更报告进行。

（5）变更报告需体现变更内容、调整后的施工工序、进度计划、变更工程量等。

第 5 章　协同管理平台

　　协同管理平台应用的目的是，项目各参与方和各专业人员通过基于网络及 BIM 的协同平台，实现模型及信息的集中共享、模型及文档的在线管理、基于模型的协同工作和项目信息沟通等，并最终为医院建设项目管理和 BIM 应用提供平台支撑。因此，面向 BIM 应用的协同平台既需要具有传统项目协同管理功能，也需要支持在线 BIM 模型管理，还需要考虑诸如移动终端的应用等。

· 5.1　平台功能

　　目前，基于 BIM 的协同管理平台有多款产品，不同的产品虽然具有不同的功能，但核心功能类似，以下进行简要介绍，供医院建设单位选择。

5.1.1　核心功能

（1）建筑三维可视化。可在电脑及手持终端的浏览器模式下，实现包括 BIM 的浏览、漫游、快速导航、测量、模型资源集管理以及元素透明化等功能。

（2）项目流程协同。项目管理全过程各项事务审核处理流程协同，如变更审批、现场问题处理审批、验收流程等。需要考虑施工现场的办公硬件和通讯条件，结合云存储和云计算技术，确保信息的及时便捷传输，提高协同工作的适用性。

（3）图纸及变更管理。实现项目图纸及变更协同管理。项目各参与人员能通过平台和模型查看到最新图纸、变更单，并可将二维图纸与三维模型进行对比分析，获取最准确的信息。

（4）进度计划管理。实现 4D 计划的编辑和查看，通过图片、视频和音频等，对现场施工进度进行反馈，或采用视频监控方式，及时或实时对比施工进度偏差，分析施工进度延误原因。

（5）质量安全管理。现场施工人员或监理人员发现问题，通过移动终端应用程序，以文字、照片、语音等形式记录问题并关联模型位置，同时录入现场问题所属专业、类别、责任人等信息。项目管理人员登录平台后接收问题，对问题进行处理整改。平台定期对质量安全问题进行归纳总结，为后续现场施工管理提供数据支持。针对基坑等关键部位，可通过数据分析，进行安全事故的自动预警或者趋势预测。

（6）文档共享与管理。项目各参建方、各级人员通过电脑、移动设备实现对文档在线浏览、下载及上传，减少以往文档管理受电脑硬件配置和办公地点的影响，让文档共享与协同管理更方便。

5.1.2　扩展功能

（1）模型空间定位。对问题信息和事件在三维空间内进行准确定位，并进行问题标注，查看详细信息和事件。

（2）图纸信息关联。将建筑的设计图纸等信息关联到建筑部位和构件上，并通过模型浏览界面进行显示，方便用户点击和查看，实现图纸协同管理。

（3）数据挖掘。随着平台的不断应用，数据不断积累，对数据进行挖掘与分析。

• 5.2 平台应用

5.2.1 应用规划

根据所选择的项目平台特点，结合医院建设管理模式及项目的实际情况、应用需求，制定协同管理平台应用规划，明确应用目的、应用功能、应用范围、应用组织及职责、应用措施及制度、应用成果等。应用规划可由医院建设单位组织软件供应商、BIM咨询单位以及施工单位、施工监理、设计等单位进行编写。

5.2.2 应用措施

（1）组织分工。协同平台由医院建设单位总负责。各单位职责包括：①在项目建设过程中，建设单位或委托咨询单位进行模型的建立、更新、整合和上传，设置合理的文档结构和编码，各单位按职责和权限上传、维护。②各参建方在施工现场应充分利用移动终端设备，对施工过程的问题和状态及时采集并输入协同管理平台。③各参建方积极回应平台中发布的工况问题、检查结果、整改要求，提供解决方案或建议，及时处理并进行结果反馈，流程处理完毕后，应及时闭合。④施工单位、监理单位应每天严格发布施工日报、监理日报。⑤各参建方严格遵照监测方案中的规定，设置监测内容；监测单位上传监测数据；监理单位及时维护项目进度，BIM 咨询单位及时更新项目 BIM 模型。

（2）流程建立。可结合项目管理流程以及平台功能，确定标准化的工作流程，以实现基于协同管理平台的流程管理，规范项目管理过程，提高项目管理效率。

5.2.3　应用成果

通过协同平台的应用，形成以下成果：

（1）BIM 模型更新。基于 BIM 的协同平台面向全过程 BIM 应用，随着建造阶段的变化，BIM 模型版本不断更新。

（2）数据成果。随着项目工作的不断开展，以及各模块功能的不断使用，平台可以获得丰富的数据，形成表格、文档等直接的数据成果。

（3）文档成果。各单位按职责、类目上传项目过程资料，进行知识的收集和归纳。平台实现信息共享的功能，代建单位、监理单位、施工单位、BIM 咨询单位实时将信息上传云端供各参与方了解，利用互联网通讯技术，在各移动终端设备可以实时查看和管理。

（4）过程记录。将项目全过程管理进行记录，包括问题的解决过程、设计的变更过程、方案的形成过程等，以利于后评估和分析。

第 6 章　运维阶段 BIM 应用要点

　　运维阶段是医院建筑全生命期中时间最长、管理成本最高的阶段，该阶段的管理是医院运行以及以患者为中心服务体系的重要组成部分，也是影响医院运营效能的关键因素。随着信息技术的发展（例如 BIM、大数据、人工智能、VR 和 AR 等），以及管理理念的变革（例如精益管理、全生命周期管理、柔性及弹性管理等），医院运维管理模式和管理手段也亟需转变。

　　运维阶段通过充分利用建设阶段 BIM 交付模型或者既有建筑的重建模型，搭建智能运维管理平台并付诸于具体应用，可提高医院运维管理的可视化、数字化、集成化和智能化水平，使医院建筑及设备设施安全、舒适、智慧和经济地服务于患者及医务人员。

　　鉴于运维阶段 BIM 应用的重要性，可基于运维需求的调研，进行运维阶段的应用策划，制定基于 BIM 运维管理方案，开发基于 BIM 的运维平台。

6.1 模型运维转换

6.1.1 应用目的

为了保证 BIM 信息能够满足运维阶段的需要，以及与相应信息技术平台进行有效对接，需要对建设阶段的模型进行运维化转换处理，如有必要，对已有模型进行三维扫描现场复勘，以及进一步校对和完善相应模型信息，包括设备设施数据的完整性和准确性、数据是否满足既有标准和规范（如标签、分类、编码和色彩设置等）、数据的逻辑关联和拓扑结构以及数据的通用标准对接等，以保证 BIM 运维模型与实际情况保持一致。

6.1.2 应用流程

针对新建、改扩建项目，运维模型基于建设阶段的 BIM 进行构建与转换；而针对大修改造项目，则首先需要对信息模型进行现场复勘，保证模型与现状一致。在此基础上，模型的运维转换一方面需要轻量化，去除一些不必要的模型信息，另一方面需要增加和校核面向运维的模型信息，最终为运维平台或运维阶段的应用提供模型或数据基础。基本的应用流程如图 6-1 所示，其中（a）针对新建、改扩建项目，（b）针对大修改造项目。

6.1.3 注意要点

模型运维转换既是技术问题，信息化问题，也是组织与管理问题，通过 BIM 移交及运维转化管理，应满足以下要求：

（1）准确的建筑交付模型。包括建筑、结构、机电、电气、智能化以及空间和平面布局等。大修改造项目的交付模型需要进行现场复勘，如有必要可采用三维扫描技术辅助，确保模型与现状一致。

（2）准确的设备设施信息。运维模型不仅要求设备模型的几何

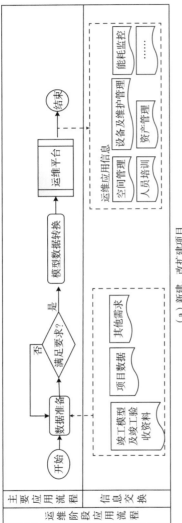

（a）新建、改扩建项目

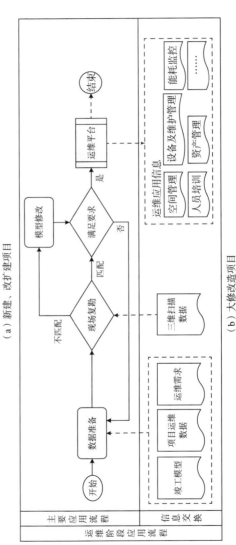

（b）大修改造项目

图 6-1　模型运维转换工作流程

尺寸、基本属性能满足运维需求，更需要产品技术参数、条码编号、安装日期、质保、备件、维护步骤及设备操作手册等运维信息的集成，构件内需加入相关参数属性，使设施设备满足运维要求。

（3）对模型信息进行必要的运维处理。包括根据运维要求和相应标准进行标注、编码、分类（包括空间和设备设施）和色彩识别（包括空间、管线、状态信息）等。

（4）模型数据的逻辑关联处理。分析模型数据之间的关联，判断设备设施的拓扑结构和逻辑关联，以分析故障产生的原因、风险分析或者故障影响方位分析。

（5）医院运维 BIM 数据处理最关键的问题是数据的分类、逻辑关系处理和标准设定等。

（6）考虑 COBie（Construction Operation Building Information Exchange，施工与运维的建筑信息交换）通用标准的采用。

从数据的产生和来源看，运维数据由不同阶段产生，且提供单位也不同，因此，需要明确数据提供的单位及职责要求。

6.2　空间管理

6.2.1　应用目的

是为了有效管理建筑空间，提高空间的利用率和使用效能，结合 BIM 进行建筑空间管理，其应用主要包括空间规划、空间分配、空间统计分析、人流管理（人流密集场所）以及空间改造分析等，为后勤管理提供各种报告和报表。

借助 BIM 的空间管理解决空间的自动测算、更新后的自动测算问题、可视化组合管理问题以及进行空间的可视化定位问题，为医院的空间管理以及基于空间的能耗测算、投资测算、人流分析以及基准的设定提供精准信息。

　　利用 BIM 可视化展示改造方案，将办公家具、医疗设备、空间功能等静态元素以及医疗工艺流程、人流、实时能耗等动态信息结合建筑空间进行集成分析，通过医务人员、维护人员、行政管理人员等的协同分析，为更新改造提供最佳方案，帮助分析系统变化或翻新与改造的效果。

6.2.2　应用流程

　　空间管理的基础是空间数据、空间要素数据以及基于数据的空间分析，主要应用流程包括：

　　（1）空间的规划及数据准备。依据医院发展战略，针对住院楼、门诊楼、实验楼等大的空间组合，以及手术室、病房、化验室和行政用房等专有空间分类，进行空间的规划。针对已经使用的空间，收集实际数据。

　　（2）空间的数据加载和关联。将相应的规划数据和实际数据加载到 BIM 中，如有必要，还应加载或关联到运维平台中的相应模块或数据库中。将相应的数据进行关联，通常而言，可以基于空间编码进行多种数据的关联与集成。

　　（3）空间的数据分析及可视化展示。根据使用需求，进行空间数据的统计分析，例如按功能、按楼层、按使用主体等进行多维统计分析。这些空间可与 BIM 进行可视化对应，以方便空间管理。

　　（4）空间的人流分析。在人流密集区域、多个流线交叉区域以及紧急情况发生时关键空间区域的人流动线分析。

　　（5）空间的改造分析及辅助。在改造过程中，基于既有空间数据和空间模型，进行多种改造方案的比较分析，设备设施的布局分析，空间净高、既有设备、管线的影响分析等。

6.2.3　注意要点

除了保证数据的全面性、真实性和准确性以外，BIM 中的空间属性数据宜包括空间编码、空间名称、空间分类、空间面积及空间分配信息等与建筑空间管理相关的信息。信息属性的加载方式应满足相应标准或者规范。属性数据可以集成到 BIM 中，也可单独用 EXCEL 等结构化文件保存。要考虑到和现有后勤运维平台的对接关系。

6.3　设备监控

6.3.1　应用目的

通过基于 BIM 的设备可视化展示、定位和监控，可大幅度提高设备定位准确程度以及应急响应速度，更能有效应对越来越复杂的医院设备设施系统。与现有后勤智能化平台进一步对接，可提高设备管理的可视化及智能化水平。

6.3.2　应用流程

BIM 无法自动进行设备的实时监控，需要开发基于 BIM 的设备监控功能模块，或者对现有医院后勤智能化平台进行功能提升。基本应用流程如下：

（1）模型及数据准备。依据运维模型，界定监控的设备对象，进行模型完善和相应数据准备，将其中的信息进行校对和确认。

（2）模型与监控数据对接。模型中的设备信息与实时监控数据对接，使实时数据能动态反映到模型中，并能按楼层、按设备、按点位和按使用空间等进行分类、分组显示。

（3）设置设备报警阈值及可视化展示方式。根据不同设备特点和运行需求，设定设备报警阈值（或动态阈值），以及异常事件触发后的可视化显示方式。

（4）运行监控或模拟演练。通过该功能，实现日常运行监控、设备查看或场景展示、模拟演练和人员观摩培训等。

6.3.3 注意要点

医院需要监控的系统包括空调、锅炉、照明、电梯、生活水、集水井、医用气体、空压、能源计量、负压吸引以及电力安全等。这些设备需要构建相应的信息模型，并将设备系统运行数据与 BIM 对接，利用基于 BIM 设备监控功能进行运行监控。对于一个医院来说，既可同时监控多个院区、多个楼宇、多个设备，也可同时监控不同院区和不同楼宇的同一类设备的总体运行状态。监控与监测日志应包括时间、设备空间信息、监测事件、监测视频、归档档案等。

大修改造项目需要做好原有监测设备和新增设备的模型记录。在大修过程中应记录好因施工而影响的监测部位和监测设备的原有方案和临时方案，以便后期恢复。

• 6.4 能耗监控

6.4.1 应用目的

利用建筑模型和设施设备及系统模型，结合楼宇计量系统及建筑相关运行数据，生成按区域、楼层和房间等划分的能耗数据，对能耗数据进行分析，有助于发现高耗能位置和原因，并提出针对性的能效管理方案，降低建筑能耗，打造绿色医院。

6.4.2　应用流程

（1）模型准备和数据收集。包含有关需要进行能源管理的设备信息和设备模型，通过传感器或相应接口将设备能耗进行实时收集或传输中央数据库，进行数据的集成和融合。

（2）能耗分析和预警。运维系统对中央数据库收集的能耗数据信息进行汇总分析，通过动态图表的形式进行展示，并对能耗异常位置在 BIM 中进行定位，并发出警示提醒。

（3）智能调节。针对能源使用历史情况，可以自动调整能源使用方案，也可根据预先设置的能源参数进行定时调节，或者根据建筑环境自动调整运行方案。

（4）能耗预测。根据能耗历史数据预测设备未来一定时间内的能耗使用趋势，合理安排设备能源使用计划。

（5）生成能耗分析报告或将能耗数据传递到其他系统。根据需要，可生成各类能耗分析或预测报告，或者进行动态可视化展示（如动态曲线等），为医院各部门提供决策服务。也可根据需要将数据传递到市级运维监控平台中，进行市级医院的统计和比较分析。

6.4.3　注意要点

电是医院能耗分析的重点对象。能耗分析的维度要满足申康的上报数据要求。能耗分析的粒度要满足各类分析需要，能按楼宇、按楼层、按空间和按设备甚至按点位进行统计、分析和比较。基于 BIM 的能耗分析功能模块要能实现可视化展示，以快速了解高能耗区域、空间以及设备位置，需要考虑 BIM、AR 和视频监控技术的结合，实现能耗的远程监控。

• 6.5 维护管理

6.5.1 应用目的

借助 BIM、AR 以及二维码等其他技术，将设备设施信息加载至 BIM，通过阈值设置，实现设备设施的自动报警、智能巡检和智能检修辅助，生成预防性、预测性和前瞻性维护计划，自动提醒相应人员，驱动维护流程，转变维护方式，实现设备实施的主动式智慧维护管理，保证设备运行的高可靠性，减低运维成本，快速响应突发事件，为医院运行的安全和高效提供保障。

6.5.2 应用流程

维护管理和设备监控具有紧密联系，是在监控的基础上进行的维护保养或应急抢修管理，具体应用流程如下：

（1）模型准备与数据收集。将需要维护的设备设施信息进行建模或者模型转化，收集维护保养的相关信息，例如品牌、厂家、型号、保养计划、维修手册及保养记录等，将相应信息加载或挂接至 BIM 的相应模型中。

（2）维护计划生成。基于 BIM 模型、历史数据以及维护要求，针对不同设备、不同区域、不同品牌和不同状态等多个维度，利用报表管理器及移动终端等，自动生成各种前瞻性维护计划，自动提醒，基于事件驱动后勤管理流程，辅助维护管理。

（3）日常巡检管理。制定日常巡检计划和巡检方案，利用二维码等技术，实现巡检过程管理和巡检辅助。通过模型及 AR 技术，实现远程巡检和智能巡检，降低巡检次数，提高巡检效率。

（4）维修与报修管理。利用基于 BIM 的维修管理功能，通过移动终端或者监控中心，进行信息的交互与标注，实现设备的可视化报修。通过维护计划的实施，进行自动派单与提醒，实现智慧维护计划管理。在维修过程中，能通过室内定位与导航等技术，并通过移动终端等技术调取维护手册或者操作视频，辅助维修，提高维修效率，降低操作错误率。

（5）应急管理。针对意外事件、突发事件和突发故障，通过实时数据的获取，监控调用，快速制定应急方案或者寻找问题根源，分析可能影响的范围，可视化显示应急通道、疏散路径等，进行方案模拟，以提高医院应急管理水平。

（6）维护信息管理。通过 BIM 以及运维海量数据管理，进行数据的存储、备份与挖掘分析，进行设备的全生命周期管理，通过标杆分析，为设备采购、维护计划制订、能源管理及大修改造方案的制定等提供决策支持。

6.5.3　注意要点

注意模型信息的准确性，尤其是位置、品牌、型号和厂家联系方式等，确保信息的可追溯性和文件数据的备份管理。及时记录和更新建筑信息模型的运维计划、运维记录（如更新、损坏 / 老化、替换和保修等）、成本数据及厂商数据和设备功能等其他数据。在开发基于 BIM 的维护管理模块时，适当考虑和 VR、二维码、数据分析技术、图像识别技术、室内定位技术和人工智能技术等进行有效结合，以提高维护管理的智慧性。

针对大修改造项目，要保证大修过程中历史数据的记录以及数据的更新（如更新、损坏 / 老化、替换、保修、成本数据及厂商数据和设备功能），要对数据创建、产生、使用等全过程进行职责划分。

• 6.6 BA 智能集成

大修改造项目对建筑设备的实时状态监控、安全有效运行的要求高。通过基于 BIM 的运维管理平台，将楼宇智能化控制系统与 BIM 数据有机结合，提供基于 BIM 的建筑设备动态数据可视化分析与监测应用。

6.6.1 应用目的

保证大修之后的建筑设备系统能正常有序地运行，实时监控设备运转情况，在发生突发事件时具备迅速处理的保障能力。

6.6.2 应用流程

（1）数据和资料收集。大修阶段需要对所有监控设备、监控点位进行信息化处理，在模型中加载和关联各监控设备、监控点位的空间数据。如有必要，还应加载或关联到运维平台中的相应模块或数据库中。

（2）监控设备对接物联信息。根据使用需求，分类对接模型中的监控设备与实际物联信息，例如按功能、按楼层、按使用主体，方便实际监控设备与 BIM 进行可视化对应，以更好的进行空间管理。

（3）生成监测视频与每日监测日志。每日整理监测视频，记录并归档监测信息，形成每日监测日志。

6.6.3 注意要点

（1）大修阶段对原有监测设备及新增设备做好在模型中的信息记录，尤其是空间数据。

（2）大修过程中施工、运营、运维同时进行，应记录好因施工而影响的监测部位并实施临时监测方案，以便后期恢复。

（3）每日监测日志应体现监测时间、设备空间信息、监测事件和监测信息（视频），每日归档。

6.7　人员培训

6.7.1　应用目的

借助 BIM 可视化模型、基于 BIM 的后勤运维平台（或现有其他运维平台）、VR 以及 AR 设备等，通过浏览、查看、模拟与沉浸操作，增强医院后勤保障人员的沉浸感、体验感和直观感受，使他们能快速掌握设施特点、位置信息、操作特点和运维要求等，提高培训效率和效果。

6.7.2　应用流程

（1）制定培训计划和培训方案。根据 BIM 特点，提出基于 BIM 的培训计划、培训目的和培训方案，尤其是医院重点部位、重要区域和关键设备，要制定详细的培训计划。

（2）模型和数据准备。完善培训所采用的模型以及相应数据，并进行检查、核对以及模拟操作。

（3）培训实施。在培训实施过程中，尤其是模拟操作和应急预案的演习，需要注意对正常运行系统的保护，防止误操作和干扰。

6.7.3　注意要点

基于 BIM 的运维培训，既可利用建筑信息模型，也可以开发专门的基于 BIM 的运维培训平台，以及利用现有运维平台进行培训辅助，但保证培训过程不能出现针对实际运行系统的误操作，做好培训方案，以影响正常系统的运行。

• 6.8 资产管理

6.8.1 应用目的

医院资产管理的范围很广，本部分涉及的范围主要是建筑、建筑设备和设施资产。利用 BIM 二维码、RFID 等技术对资产进行信息化管理，辅助医院进行投资决策和制定短期、中期和长期的发展计划。利用运维模型数据，评估、改造和更新建筑资产的费用，建立维护和模型关联的资产数据库，从而转变只重视医院有形资产的管理，而缺乏对数据资产管理的传统观点。该部分应用通过对医院设备设施的数字化、虚拟化从而形成数字设施资产，并通过数字资产的有效管理实现设施的精益运行，使医院建筑、设备和设施保值增值。

6.8.2 应用流程

（1）数据和资料收集。形成运维和财务部门需要的可直观理解的资产管理信息源，实时提供有关资产报表。数据包括模型文件（BIM、CAD 等）、图像和视频文件、电子手册以及其他辅助材料等。

（2）生成资产及财务报告。进行资产梳理和台账记录，关键资产与 BIM 进行空间对应定位及信息关联。分析资产变动及未来趋势。

（3）数据的存储和维护。进行集中式存储、管理和共享。随着设备设施的不断更新，应用二维码等技术，对资产数据进行不断更新和维护。

6.8.3 注意要点

除了数据的存储外，更重要的是数据的利用和挖掘，数据的集成与融合，以及数据驱动的应用，为全生命周期设备运行的保值和增值提供服务。由于医院可能不断地进行改造和大修，需要保证历史数据的存储、备份以及及时更新，要对数据创建、产生、使用等全过程进行职责划分，要提出数据要求和数据标准。资产属性信息包括资产编码、资产名称、资产分类、资产价值、资产所属空间和资产采购信息等。属性数据可以集成到 BIM 中，也可单独用 EXCEL 等结构化文件进行保存。

095

图书在版编目（CIP）数据

上海市级医院建筑信息模型应用指南/上海申康医
院发展中心编 . -- 上海：同济大学出版社，2017.11
ISBN 978-7-5608-7471-5

Ⅰ.①上… Ⅱ.①上… Ⅲ.①医院 – 建筑设计 – 计算
机辅助设计 – 应用软件 Ⅳ.① TU246.1-39

中国版本图书馆 CIP 数据核字（2017）第 273918 号

BIM Guide for Shanghai Municipal Hospital（Version 2017）
上海市级医院建筑信息模型应用指南（2017版）

上海申康医院发展中心
Shanghai Hospital Development Center

责任编辑　姚烨铭　　责任校对　徐春莲　　封面设计　钱如潺

出版发行　同济大学出版社 www.tongjipress.com.cn
　　　　　　（地址：上海四平路 1239 号　邮编：200092　电话：021 - 65985622）
经　　销　全国各地新华书店
印　　刷　常熟市大宏印刷有限公司
开　　本　787mm×960mm　1/16
印　　张　6.75
字　　数　135 000
版　　次　2017 年 11 月第 1 版　　2017 年 11 月第 1 次印刷
书　　号　ISBN 978-7-5608-7471-5
定　　价　36.00 元